# 다시 떠날 수 있을까

• 본문의 큐알코드에 접속하면 아름다운 세상을 영상으로 만날 수 있습니다

# 다시 떠날 수 있을까

**초 판** 1쇄 2022년 08월 26일
**초 판** 2쇄 2022년 09월 22일

**지은이** 이해숙
**펴낸이** 류종렬

**펴낸곳** 미다스북스
**총괄실장** 명상완
**책임편집** 이다경
**책임진행** 김가영, 신은서, 임종익, 박유진

**등록** 2001년 3월 21일 제2001-000040호
**주소** 서울시 마포구 양화로 133 서교타워 711호
**전화** 02) 322-7802~3
**팩스** 02) 6007-1845
**블로그** http://blog.naver.com/midasbooks
**전자주소** midasbooks@hanmail.net
**페이스북** https://www.facebook.com/midasbooks425
**인스타그램** https://www.instagram.com/midasbooks



ISBN 979-11-6910-060-1 03980

값 18,500원

지금도 설레는 나의 여행 일기

# 다시 떠날 수 있을까

이해숙 지음

미다스북스

kirche St.johann in Ranui

책을 내며

# 킬링과 힐링 사이에 여행이 있었다

먹고 놀고 자고 먹고 놀고 자고, 아무 의미 없이 인생 후반기를 낭비하고 있다는 생각에 우울했다. 이렇게 10~20년 동안 시간을 죽이며 살아가겠지. 킬링 타임은 견딜 수 없었다.

나는 짐을 쌌다. 집 밖의 세상은 신기했다. 수고하지 않아도 밥이 나오고 매일매일 아름다운 세상이 펼쳐졌다. 긴 여행으로 피곤하고 불편해도 눈빛은 반짝이고 미소 띤 입가엔 생기가 넘쳤다. 자연은 경이롭고 인간은 위대하여 나는 매일 두 손을 모으고 감사 기도를 드렸다.

'제가 무엇이관대 이런 행복을 허락하시는지요.'

보름 여행은 스무 날이 되고 어느 해는 사십 일이나 돌아다녔다. 그렇게 십 년을 보냈다.

이제 집에 머무는 일상이 좋다. 먹고 놀고 자고 먹고 놀고 자고, 평온하게 흘러가는 나날이 내게는 힐링이다. 킬링(killing)을 힐링(healing)으로 바꾼 것은 여행이었다. 혼자 보기 아까운 장관(壯觀)과 넘치는 인정(人情) 앞에서 내 마음은 정화되고 미화되며 순화되었기 때문이다. 이제는 돌아와 거울 앞에 앉은 여인이 되어, 내 안에 있는 아름다운 세상을 이웃과 나누고 싶다.

용기만 내면 언제나 만날 수 있던 전경이 주변 사정으로 저세상 풍경이 되었다. 또다시 떠날 수는 없을까. 다시 만날 수 있을까.

어쩔 수 없이 사진이나 동영상으로 초상권을 침해한 분들에게 양해를 구하며, 신통찮은 여행일기를 책으로 엮는 객기를 부리게 하고 기꺼이 동영상 작업을 맡아주신 이용태님과, 중남미 사진 작업을 도와주신 노작가님과 이지영님과 유중도님, 함께 여행하고 도움을 주신 많은 분과 출판을 맡아주신 미다스북스 관계자님께 깊이 감사드린다.

2022년 여름에

CONTENTS

# 1부

# 중남미
# Latin

2014.03.03~2014.03.25

## 2014년 3월 4일

집에서 출발한 지 37시간 만에 상파울루 호텔에 도착했다. 그래도 상파울루까지 같은 비행기로 갈 수 있어서 다행이었다. 로스엔젤레스에서 급유하고 점검하느라 4시간 반이나 머물렀지만, 나는 내 물건이 있던 자리로 다시 와서 앉았다. 비행기가 이륙할 때까지는 마음이 조마조마했다. LA에서는 통과 여객에게도 입국 심사를 하였는데 나는 검색대에서 걸렸다. 보안요원은 나를 열외로 한 발짝 나오게 하여 리트머스 시험지 같은 것으로 내 손바닥을 훑더니 기다리라고 하였다. 한참을 기다려도 그는 오지 않고 저 멀리서 다른 일을 보고 있었다. 이게 무슨 날벼락이람. 남미 땅을 밟아보지도 못하고 되돌아가는 거야? 벼르고 별러서 어렵사리 떠나온 여행인데 이럴 수가. 우리 일행이 지나가면서 왜 여기서 이러고 있느냐고 물었다. 내 대답에 그들은 그냥 가자고 했다. 에라 모르겠다 하고 나는 얼른 그들을 따라 대한항공 라운지로 들어갔다. 내가 누군지 알 게 뭐야. 걸린 게 있으면 잡으러 오겠지. 비행기에서 내리기 전에 화장을 고친다고 가루분을 발랐는데, 그것이 마약 가루에 예민한 그들의 레이더망에 걸린 건 아닌지 모르겠지만 아무튼 비행기가 하늘을 날자 나는 비로소 숨을 크게 쉬고 눈을 감았다. 십년감수

했다. 14시간이나 날아왔는데 그로부터 또 14시간의 비행이 이어졌다. 남미가 멀기는 멀구나.

## 2014년 3월 6일

상파울루를 거쳐 리오데자네이루로 왔다. 그곳은 세계 3대 미항(美港) 중의 하나로 손꼽히는 곳이다. 종처럼 생긴 높은 산, 팡 뎅 아수카르(Bondinho Pao de Acucar)와 하얀 파도가 부서지는 코파카바나 해변(Copacabana)이 한눈에 들어오니 경치가 아름다울 수밖에 없다. 과연 아름다웠다. 브라질 독립 100주년을 기념하여 세운 예수상도 볼거리였다. 코르코바두 산꼭대기에 우뚝 서서 하늘을 향해 두 팔 벌린 예수상은 높이가 38m, 양팔 넓이가 28m인데 1,000톤이 넘는 돌을 700m 언덕까지 어떻게 날랐을까. 경관보다 그 건축 과정이 세계 7대 불가사의에 속할 것 같다. 예수상의 손끝이 까맣게 그을려 있었다. 두 해 전 천둥 벼락이 스친 자국이란다.

코파카바나 해변(Copacabana)으로 갔다. 해변 길에는 검은색과 흰색의 파도 문양이 4km나 조성되어 있었다. 흑백 인종의 화합을 의미한다니 세계적인 해변은 뭔가 달라도 다르구나. 대서양 바닷물은 어떤가. 사진을 찍는 척하며 바다로 몇 발자국 들어갔다. 그런데 파도에 쓸려가면서 발밑이 움푹 파였다. 미끄덩하는 순간에 겨우 균형을 잡았지만 만일 바다에 철퍼덕했다면 어땠을까. 생각만 해도 식은땀이 났다. 매사 조심하라는 신호인 것 같다. 우리 여행팀은 다들 부부 동반이고 나만 혼자 와서 가뜩이나 주목을 받는 터에 사고는 치지 말아야겠지.

내가 브라질에 갔을 때는 리우 삼바 카니발이 막 끝난 때였다. 일 년 동안 죽자고 일해서 번 돈을 4일 축제에 다 쓰는 사람들이 브라질 국민의 대부분이란다. 그런 만큼 축제의 피로감이 그대로 노출되어 있었다. 거리는 지저분하고 상가나 관공서의 업무도 어수선한 상태였다. 수백만 원짜리 귀빈석이 아직 철거되기 전이라 우리는 빈 의자를 향해 손을 흔들며 카니발 축제장을 걸었다. 토요일 밤부터 수요일 새벽까지 나흘 동안 벌어지는 카니발의 후유증은 미성년 미혼모의 출산으로 이어지기도 한다고 하여 가슴이 아팠다.

## 2014년 3월 7일

비행기를 타고 이과수(Iguazu) 폭포로 갔다. 절벽에서 강물이 쏟아지고 그 위에 햇살이 칼날처럼 내리꽂혔다. 그런 폭포가 계절에 따라 200~300개나 된단다. 어디를 둘러봐도 푸른 숲속에 하얀 폭포가 띠를 이루고 있었다. 감탄사가 절로 나왔다. 아니 말문이 막히고 입만 벌어질 정도였다. 어느 미국 대통령 부인이 이 장관을 보고 "불쌍하다. 나의 나이아가라여!"라고 탄식했단다. 도대체 어디서 이 많은 물이 흘러오는지 물어보았다. 남아메리카 지형은 가운데가 움푹한데 그곳이 열대우림 아마존 지역이라 매일 무진장한 물이 고이고, 이과수 폭포 상류에서 흘러내리는 물의 양은 초당 1,000톤에 이른다고 하였다. 물소리가 얼마나 큰지 그 외에는 아무 소리도 들리지 않았다. 물방울이 날리듯 튀어서 얼굴이며 옷이 흠뻑 젖었다. 그래도 좋았다. 이리저리 폭포를 배경으로 사진을 찍으며 만세를 부르고 이과수 폭포를 즐겼다. 이런 장관을 보게 되다니, 멀리까지 혼자 날아온 보람이 있었다.

보트를 타고 폭포 아래로 다가갔다. 구명조끼를 입고 서서히 폭포 앞

으로 나아가는데 폭풍 전야 같은 긴장감이 돌았다. 간혹 튀기던 물방울이 물바가지를 뒤집어쓰는 듯하더니 아예 소방 호스로 쏘는 듯 강렬했다. 눈을 질끈 감고 입을 다물어도, 코와 귀로 들어오는 물은 어쩔 수가 없었다. 얼굴이 얼얼했다. 마구 쏟아지는 물 폭탄에다 배는 춤추듯 기우뚱거리고, 아이고 내가 이 먼 데까지 와서 죽는구나 싶었다. 놀이공원에서도 회전목마밖에 안 타는 내가 무슨 배짱으로 폭포 보트를 탔는지 모르겠다. 이과수 폭포 물을 맞으면 십 년 더 산다는 말에 혹했던가. 그래도 "나 죽어요.", "돌아가요."라는 일행의 외마디 소리에는 웃음이 나고, 죽다가 살아난 것 같은데도 한 번 더 타고 싶었다.

강 하나를 사이에 두고 다리를 건너니 파라과이였다. 국경 도시는 양쪽 나라를 오가는 상인들로 북새통이었다. 파라과이에서는 한국인이 그런 대로 대접받고 산다고 하였다. 브라질이나 아르헨티나에 비하면 인종 차별이 적다고나 할까. 거리에서 BONITA KIM이라는 한국 이름이 건물 전체에 연속적으로 새겨진 모습을 보았다. 이색적이라 가이드에게 물었더니 그 사람은 우리나라가 IMF를 겪을 때, 부산에서 도산으로 땡처리된 물건들을 가져와 한몫을 챙기고 빌딩도 올렸다고 했다. 누군가의 불행이 누구에게는 행운이 되는 것은 만고의 진리로 시공을 초

BONITA KIM BONITA KIM BONITA KIM BONITA KIM BONITA

월하였다. 이과수 폭포도 그렇다. 원래는 파라과이 땅이었다. 그런데 파라과이 독재자 로페스가 남아메리카를 제패하겠다는 야심으로 3국동맹(브라질 아르헨티나 우루과이)과 1865년 전쟁에 돌입하고, 결국 1870년 로페스가 전사하면서 저 황금알을 낳는 땅 이과수는 브라질과 아르헨티나로 넘어가게 되었다. 해마다 천문학적 숫자의 관광객이 뿌리는 돈이 얼마인가. 현재 파라과이는 국민소득 4,000달러 전후로 어렵게 살아가고 있다.

## 2014년 3월 8일

악마의 목구멍이 있는 아르헨티나 쪽 이과수 폭포를 보러 갔다. 의자와 천막만 있는 녹색 전기 기차를 타고 갔다. 그리고 내려서 다시 1.6km를 강 위에 설치된 구멍 뚫린 철제다리를 걷고 나무다리도 건넜다. 바다처럼 넓은 강을 비추는 햇살이 따사로웠고, 강은 잔잔하고 매끄러운 호수처럼 얌전했다. 평화로운 산책길이 한참을 이어졌는데 어느 순간 강물이 뒤척거리고 뽀얀 수증기가 피어오르며 폭포 소리가 요란했다. 드디어 악마의 목구멍에 도착한 것이었다. 일행 중 백여사는 손주가 어디 가냐고 물어서 악마의 목구멍이라는 폭포를 보러 간다니

까 "악마의 똥구멍이요."라며 깔깔대더란다. 그래서 우리도 그렇게 부르며 웃었다. 그곳은 길이가 700m, 폭이 150m인 U자형 폭포로 형성된 웅덩이다. 세상에 그렇게 큰 구멍이라니, 입이 다물어지지 않았다. 가이드는 그 앞에서 10분 이상 머물지 말고 쳐다보지 말라고 하였다. 그냥 빨려들 것 같았다. 뛰어들고 싶은 충동을 느낀다는 말도 이해할 수 있었다. 이 거대한 폭포 앞에 서니 기쁨과 희열은 물론 절망이나 고통이 아무것도 아닌 게 되는 힘이 느껴졌다. 내가 평생 살면서 느낀 힘 중에 가장 구체적인 실체였다. 천지를 압도하는 소리와 수량(水量)을 이 세상 어떤 말로도 표현할 수 없었다. 그냥 멍하니 바라볼 수밖에.

2014년 3월 9일

아르헨티나 부에노스아이레스의 아침이다. 여기가 어딘가. 이곳이 남미? 고풍스러운 건물들이 즐비하여 유럽 한복판에 와 있는 것 같다. 수도 부에노스아이레스를 '남미의 파리'라고 하는 이유가 있었네. 국민의 대다수가 유럽에서 넘어온 백인이고 이곳 건물들은 그들의 건축 양식과 기술로 지어진 것이었다. 호텔을 나서니 어마어마하게 넓은 도로가 펼쳐졌다. 폭이 140m나 되는 '7월 9일' 도로이다. 스페인으로부터의 독립과 통일을 기념하여 만든 세계에서 제일 넓은 도로인데, 길을 건너려면 신호를 여섯 번 받아야 한다. 도로 가운데 가로수가 그것도 잔디 사이로 두 줄씩 도열해 있었다. 왕복 20차선 도로에는 70여m 높이의 오벨리스크가 있는데 도시 건립 400주년을 기념하여 세운 것이라 한다.

리콜레타 묘지공원을 찾아갔다. 그 구역은 도시에서 가장 부유한 지역 중 하나라는데, 그곳에 공원묘지가 있는 게 신기했다. 우리로 치면 압구정동에 묘지공원이 있는 셈이다. 부자도 살기 힘든 비싼 땅에 아르헨티나 역대 대통령들과 노벨상 수상자 등 죽은 자가 환생한 듯 화려한 조각과 건물로 존재하고 있었다. 마치 대리석으로 치장된 조각박물관

DUARTE
EVA PERON
1952 – 26 DE JULIO – 1982
NO ME LLORES PERDIDA NI LEJANA
JUAN R. DUARTE
QUE VINCULO SU NOMBRE A MUCHAS OBRAS

같았다. 6,000개의 납골당 중 다소 초라한 에바 페론의 무덤 앞은 장사진이었다. 빈민층의 딸로 태어나 대통령 부인이 되고 노동자와 서민을 위한 정책으로 빈민의 성녀라 불리던 그녀는 33살의 젊은 나이로 세상을 떠났다. 미인박명이라더니 고혹적인 미모 탓이었을까. 묘비에는 '아르헨티나여 나를 위해 울지 마오'라는 노랫말이 적혀 있다고 한다.

여인의 다리가 있는 신흥 지역에 도착했다. 탱고를 추는 여인의 모습을 연상시키듯 하늘로 쭉 뻗은 구조물이 특이하다. 여기는 또 어디? 고층 빌딩의 숲은 뉴욕을 연상시켰다. 이 도시는 파리와 뉴욕을 합쳐 놓은 것 같다. 도시 중심부는 유럽의 고풍스러운 건물이 많았는데 변두리는 시원시원한 고층 빌딩의 집합체였다. 1950년대 아르헨티나는 세계 4위의 부강국이었다. 얼마나 금이 많았는지 중앙은행의 복도에까지 쌓아둘 정도였단다. 그런 나라가 어쩌다가 IMF 구제를 여덟 번이나 받는 나라로 전락한 건지 안타까운 마음이 들었다.

1970년대 전후로 우리나라 사람들이 아메리칸 드림을 꿈꾸며 대거 미국으로 건너갔던 것처럼, 1920년 전후로 많은 유럽 사람이 돈을 벌러 아르헨티나로 몰려갔다. 특히 이탈리아와 스페인 사람들이 많았다는데, 그들은 그곳에서 고향을 떠나온 이민자의 설움과 노동자들의 애환

CAMINITO

을 춤으로 풀어내었으며, 격렬하고 빠르며 유연하고 슬픈 몸짓은 탱고라는 춤을 탄생시키는 계기가 되었단다. 언젠가 서울에서 탱고 공연을 본 적이 있었는데 나는 젊고 예쁜 무희보다 늙고 배 나온 아저씨 무용수의 춤사위가 훨씬 더 멋져 보였다. 며칠 동안 눈에 아른거리던 그 감성이 보카 지역에 오니 비로소 이해가 되었다. 보카 지역은 이탈리아 이민자가 많은 항구로, 그들은 배를 수리하고 남은 페인트를 얻어와서 양철판과 나무판자로 지은 자기들의 집을 색칠하였다는데, 그렇게 자투리로 칠하다 보니 색색으로 화려해진 건물이 지금은 관광 코스로 한몫을 하고 있었다. 가난의 상징이 의외로 황금이 되는 역사의 아이러니는 여행의 또 다른 교훈이었다. 거리에는 카페와 레스토랑과 선물 가게가 많아, 볼거리 먹을거리를 찾아 돌아다니는 내내 신이 났다. 카페는 노동자와 뱃사람 특유의 보헤미안 분위기를 느끼게 하고 나는 그들의 열정과 낭만을 즐기며 차를 마셨다. 길거리에서 탱고를 추는 여인을 보았다. 그녀는 가슴이 훤히 드러나는 무용복을 입고 빨간 장미를 손에 쥐고서 지나가는 사람을 유혹하였다. 우리 일행 중 한 사람에게도 접근하였다. 그분은 자연스럽게 호응하며 두세 바퀴를 돌고, 같이 사진을 찍었다. 그의 아내가 10달러를 건네주었다. 나중에 여행을 추억하기에 재미있는 장면이었다.

우리나라에서 지구 중심을 관통하면 나타나는 도시가 부에노스아이레스라고 배웠다. 이 머나먼 곳까지 비행기를 몇 번이나 갈아타고 왔는데 겨우 두 밤을 자고 떠나면서 나는 다시는 패키지여행을 따라가지 않으리라 맹세했다. 수많은 구경거리를 두고 떠나야 하는 게 아쉽다 못해 애통했다. 내 생애에 다시 올 수는 없을 텐데.

2014년 3월 10일

비행기로 해발 3,300m의 쿠스코에 도착했다. 이번 여행은 이동 거리가 멀어서 한국 출발, 도착을 빼고도 18일 여행에 비행기를 아홉 번이나 탔다. 다른 나라로의 이동은 물론이고 같은 나라 안에서도 비행기로 이동하였다. 이틀 걸러 한 번씩 공항을 드나드니 수속과 통과 과정이 마치 일상처럼 익숙하게 느껴졌다. 아이구 아까운 교통비여. 쿠스코는 잉카제국의 수도였으며 그들 생각으로는 세상의 중심인 '배꼽'을 의미한단다. 15세기 스페인은 잉카제국을 멸망시키고 그 자리에 아르마스 대광장과 쿠스코 대성당을 지었다. 점령하는 도시마다 그렇게 건축물을 지음으로써 원주민을 교화시키려고 했단다. 광장 중앙에는 잉카제국을 호령하던 왕의 동상이 있고 성대하고 우람한 대성당과 라 콤파냐 데 헤수스 교회 등의 건물들이 웅장하게 둘러서 있었다. 그런데 광장이 조화롭게 짜여있다고 느끼는 한편으로 왠지 잉카의 왕이 스페인의 역사와 문화에 포위된 듯이 보였다. 길거리에서 대나무로 만든 잉카의 전통 피리(?)로 부르는 구슬픈 노래 '엘 콘도르 파사(EL Condor Pasa)'를 들은 탓인지 모르겠다.

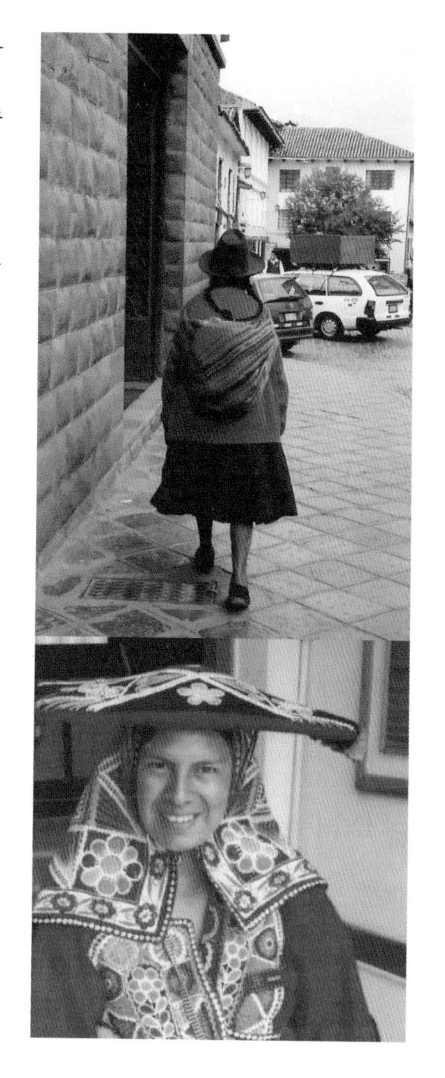

"오 하늘의 주인이신 전능한 콘도르여

우리를 안데스 산맥의 고향으로 데려다주오…."

쿠스코 시내를 걷다 보면 로레토 거리가 나온다. 오래된 골목인데 골

목 양쪽으로 잉카 시대의 석벽이 있고 촘촘한 자갈 바닥이 인상적이었다. 전통 의상을 입은 페루 여인이 운영하는 가게도 있었다. 거기 성벽에 가로, 세로 여섯 개씩의 12각 돌도 있었다. 종이 한 장 들어갈 틈도 없는 정교한 솜씨에 그저 감탄할 따름이었다. 위대한 유적을 남긴 잉카 제국의 기술이었다. 삭사이와만도 그런 잉카의 석조 기술이 집약된, 돌로 지은 거대한 요새(要塞)이다. 80년 동안 지어진 요새는 높이가 18m, 길이가 500m 이상으로, 위에서 보면 날카로운 톱날과 같단다. 다른 지방의 돌을 수레바퀴 없이 옮겨와서 성을 쌓았다는 게 아직까지도 풀리지 않는 미스테리라 했다. 잉카제국은 스페인이 들어오기 전에는 철기와 바퀴를 사용할 줄 몰랐다고 한다. 높은 성채에 오르면 도시가 한눈에 내려다보인다는데 나는 올라가지 않았다. 많이 움직이다가 혹시 고산병이 올까 두려워서였다. 일행 중 여자분들은 거의 다 고산병으로 힘들어하였다. 약이 듣지 않아 휴대용 산소를 들이마시고 숙소에서는 아예 산소통을 이용하였다. 다들 메스꺼워서 저녁 식사를 할 수 없었고 나 혼자 꿋꿋하게 남자 일곱 분과 식탁에 앉았다. 나는 왜 괜찮았을까. 극도의 긴장감이 나를 강하게 만들었다고 생각한다. 나도 남편과 같이 갔으면 "여보, 머리 아파." 하면서 의지하고 고산병도 왔을 것이다. 그런데 나는 혼자여서 도움받을 수 없으니 정신적으로 강하게 무장하였

던 모양이다. 심호흡하며 천천히 걷고, 동작을 줄이고 말수도 줄였다. 나도 남편과 같이 오고 싶었지만, 그는 18일간의 여행은 자신이 없다면서 친구와 다녀오라고 했다. 동행을 구하느라 2년을 보냈다. 기간이 길고 비용도 만만찮아서인지 다들 어렵다고 했다. 이러다 세월 가면 나도 못 가겠다 싶어서 혼자 나섰다. 다행히 여행사에서 여자 가이드를 보내주어 같이 방을 썼다. 마추픽추에 가기 위해서 쿠스코에서 버스로 오얀타이탐보까지 갔다. 가는 길에 참 아름다운 우루밤바 계곡이 있었지만 고산병으로 모두 힘들어하는 데다 어둡고 길이 험난하여 쉬지도 않고 1,000m를 내려갔다.

## 2014년 3월 11일

파란색 기차 페루 레일을 타고 마추픽추 역까지 갔다. 기차는 천장이 유리로 되어 있어서 나는 고개를 뒤로 젖히고 열대우림을 마음껏 감상하였다. 다시 셔틀버스를 타고 20여 분 달려서 드디어 세계 7대 불가사의 중 하나인 마추픽추에 도착했다. "어머나, 세상에." 정말로 세상에 이런 도시가 있었네. 산속에 폭 싸여 숨어 있는 옛 도시를 만난 소감은 그저 감탄뿐이었다. 한눈에 다 내려다보이는 마을의 아름다움은 어떤 말로도 표현할 수 없었다. 이 산속에서 어떻게 저런 예쁜 마을을 만들었을까. 안데스 산맥의 2,400m 고지에 있는 성곽 도시 마추픽추는 잉카제국의 성채나 취락 중에서 가장 큰 규모이며 거기에는 토기와 금속기는 물론 나침판과 해시계도 있었다. 찬란한 문명을 자랑했던 잉카제국이 100년 만에 스페인에게 멸망하자 잉카인들은 마추픽추로 올 수 있는 길을 모조리 끊어버렸다고 한다. 그래서 안데스 산맥 기슭에 있던 마추픽추는 철저히 사라진 도시가 되었다. 산 아래에서는 이곳의 존재를 알 수 없고 비행기나 헬기를 타고 공중에서나 볼 수 있어서 '공중도시'라 불리었단다. 어찌 보면 그렇게 숨겨지고 가려진 도시이기에 1911년 미국인에 의해 발견될 때까지 600년 전의 모습을 선명하게 잘 간직하고 있었을 것이라 여겨진다. 잉카인의 건축술이 위대한 것은 성채에 사용된 가장 큰 돌은 300톤도 넘는다는 것이다. 어떻게 옮기고 설치했는지 알 수가 없단다. 주변은 산들뿐인데 1,000명이나 되는 인구가 풍족하게 살았다니 그것도 불가사의다.

마추픽추를 떠나오면서 아름다운 들판을 보고 수없이 사진을 찍었다. 참 평화로웠다. 내가 자꾸 감탄을 했더니 가이드가 차를 세우고 잠시 구경하고 가자고 했다. 고마웠다. 그는 명문대학을 나오고 S 회사에서

VENTA DE
GRANO -

Estación / Station
Ollantaytambo
FTSA

페루 해외 지사 근무를 하였는데, 그만 페루의 매력에 빠져 퇴사하였단다. 그 후로 페루에서 사업체를 운영하며 틈틈이 가이드 일을 하고 있었다. 그는 일행에게 여행 일정표를 나누어주었는데 지명 대신 사진이 인쇄되어 있었다. 사진 옆에는 행선지가 알기 쉽고 기억하기 좋게 설명되어 있었다. 단순하게 지명만 쓰여 있던 다른 나라 일정표와 비교되어 첫인상이 좋았다. 알고 보니 그와는 같은 동네 대학을 다닌 인연도 있어서 대화가 잘 통하였다. 덕분에 페루 일정 닷새 동안 누님으로 극진히 대접받았다. 그는 페루에 볼 것이 아주 많으니 꼭 다시 오라고 했다. 그때는 쿠스코 근처에 새로 들어서는 국제공항을 통하면 좋을 것이라면서 그 대공사를 한국이 주도한다고 자랑스러워하였다. 외국에 살면

다 애국자가 된다더니 그의 환한 미소에 나도 자부심이 느껴졌다. 그리고 산중(山中) 도시 쿠스코에는 한국의 대우자동차 '티코'가 많이 보였다. 한국에서는 단종된 지 13년이 넘는데 여기서는 작은 차가 힘이 좋고 단단하다며 좁은 길을 다니는 데는 단연 최고 인기라고 한다. 또 한 번 내 어깨가 으쓱하였다.

## 2014년 3월 12일

페루의 수도 리마는 해안 절벽 언덕에 위치하여 경치가 좋았으며, 스페인이 통치하던 300년 동안 남미에서 가장 부유한 도시였다고 한다.

구 도심 지역은 역시 유럽 냄새가 진하게 풍겼다. 넓은 광장이 있고 정면에 웅장한 대성당이 있으며 노란 대통령 궁과 시청사 등 화려하고 고급스러운 건물들이 광장을 감싸고 있었다. 광장이 얼마나 넓고 볼 만한지 광장만 한 바퀴 도는 하얀 마차가 줄지어 관광객을 기다리고 있었다. 마부와 흥정을 끝내고 마차가 출발하려는데 우리 일행들이 돌아왔다. 광장 구경에 할당된 시간 30분의 반도 못 채우고 떠나자는 것이다. 할 수 없이 마부에게 양해를 구하고 마차에서 내렸다.

신시가지 미라플로레스는 최신 빌딩들이 하늘로 치솟고 있었다. 50

층 이상의 높은 빌딩과 5성급 호텔과 고급 아파트 천지였다. 바다로 떨어지는 일몰을 보며 저녁을 먹을 수 있는 레스토랑도 절벽에 줄지어 있었다. 도대체 얼마나 부자면 저기서 저녁을 보내며 그런 사람의 수가 얼마나 많길래 저렇게 성업 중일까. 이곳이 내가 알던 남미인가. 여행을 다니면 다닐수록 내가 안다고 생각했던 것이 상상이나 환상이고 잘못 알고 있는 것이 너무 많았다. 직접 보지 않고 느끼지 않으면서 범하는 오류가 얼마나 큰지 매사가 조심스러워진다. 어쩌면 그런 환상이 깨지는 통쾌함과 세상을 더 이해할 수 있는 계기가 되어서 새로운 여행을 꿈꾸는 것 같다. 리마는 남미의 모든 비행기가 착륙한다고 할 정도로

교통의 요충지여서 사람들이 엄청 많았다. 가난한 사람이 많고 관광객도 많아서 소매치기를 조심하라는 소리를 수없이 들었다.

## 2014년 3월 13일

배를 타고 파라카스 해상공원으로 갔다. 그중에 바에스타 섬은 바다사자 섬이고 새들의 천국이었다. 구아노 새들은 섬 위쪽에, 바다사자들은 섬 아래쪽에 서식지를 이루고 있었다. 이곳은 해류가 만나는 곳이라 먹을 것이 풍부하단다. 기암괴석과 동굴도 많이 보였다. 바다사자들은 바위 위에 앉았거나 해변에 누웠거나 물속에서 헤엄을 치고 있었다. 수천 마리가 무리를 지어 평화롭게 살고 있었다. 배가 오거나 말거나, 사람들이 사진을 찍거나 말거나 상관없는 무심한 행동이 나는 좋았다. 하긴 내가 그들 속을 어찌 알까.

이카사막으로 갔다. 천지 사방이 온통 모래사막이다. 안데스의 설산과 태평양 사이에 길게 사막이 펼쳐져 있다. 어떻게 바닷가에 이런 사막이 형성되었을까. 서부 해안은 남극에서 올라오는 훔볼트 한류의 영향으로 온도가 낮아서, 공기가 거꾸로 내려오는 하강 기류를 만든다고 한다. 결국 물안개만 생길 뿐 비가 극히 적어 자연스럽게 사막이 형성되었다는 것이다. 해발 600m의 모래언덕에서 사막 위를 달리는 버기카를 탔다. 허리 아픈 사람은 타지 말라고 했다. 모래언덕을 껑충껑충 건너뛰면서 허리에 가해지는 충격이 만만치 않다고 경고했다. 일행 중 네 사람이 차에서 내렸다. 바다에서 고기가 헤엄을 치듯 우리는 구릉과 언덕 사이로 버기카를 타고 질주하였다. "아이구, 아이구!" 일행들은 계속해서 즐거운 비명을 질렀다. 유연한 언덕 저 끝에서는 얼마나 점프하게 될까. 기대와 스릴로 시간 가는 줄 몰랐다. 사막 체험은 보드에 몸을 맡긴 채 200m 아래로 슬라이딩하는 샌드 보트로 이어졌다. 나는 모래바람이 얼굴을 사정없이 때리고 가속이 붙어 살짝 무서웠지만, 한 번으로는 성이 차지 않아서 모래언덕을 또 기어 올라갔다. 동갑이라고 특별히 친하게 지냈던 백 여사는 무서워서 절대로 안 타겠다고 했다. 나는 백 여사를 부추겼다. 보드에 엎드려 출발만 하면 된다. 넘어져도 모래밭인데 어떠냐. 안 타면 두고두고 후회할 거라고 엄포까지 놓았다. 결국 그녀도 신나게 타고 내려와, 그 일을 두고 여행 내내 내게 고마워했다.

HHL 986

2014년 3월 14일

하바나 호세 마르티 국제공항을 통해 쿠바에 입국했다. 이곳은 우리나라와 비수교국이어서 휴대전화가 불통이었다. 단절감이 사람을 긴장시켰지만, 그런 만큼 보이는 것들은 신기하였다. 길은 넓었고 호텔도 좋았다. 대강 짐을 풀고 식사하러 갔는데 1인당 킹크랩 한 마리씩이 제공되었다. 여행 중 가장 맛있는 음식이어서 쿠바를 떠올리면 저절로 입에 침이 고일 것 같다.

저녁을 먹은 후에 모로카바냐 요새에 갔다. 거기서는 매일 밤 9시에 성문을 닫아 통행을 금지하던 과거의 풍습을 관광객들에게 보여주었다. 18세기 식민시대 병사들의 복장을 한 군인들이 열병식과 포사격 행사를 재현하였다. 구호에 맞춰 등잔불을 빙빙 돌리고 대포를 쏘는데 5분 남짓의 이벤트를 보러 온 관광객들로 요새(要塞)는 발 디딜 틈이 없었다. 내 키가 작은 게 한탄스러웠다.

돌아오는 길에 말레콘 방파제에 아무렇게나 걸터앉아 여행자의 낭만과 비수교국에 온 소회를 곰곰이 더듬었다. 종일 카리브해의 태양에 달궈진 시멘트의 온기가 긴장을 풀어주었다. 쿠바는 공산국가여서 치안이 잘되어 있었다. 관광객들이 밤에 돌아다녀도 괜찮다고 했다. 쿠바 사람들도 방파제에 많이 나와 있었는데 거의 다 날씬하였다. 배가 나온 사람은 일부러 찾아봐도 없을 정도였다. 사탕수수와 커피 농사를 시키려고 아프리카에서 끌고 온 노예의 후손들이어서인지, 구릿빛 피부에 근육질로 다리가 쭉 곧고 키가 컸다. 멋있었다. 어쩌면 궁핍한 배급제 탓인지도 모르겠다. 다 같이 가난한 나라였다. 의사 월급이 고작 3만 원 정도라니, 해외로 쿠바 의사들이 많이 나가는 이유를 알 것 같았다. 쿠바 의사는 능력이 대단하다고 의학계에서 인정한다는데 그것도 열악한 쿠바의 의료 시설이 낳은 노력의 결과라고 했다. 궁핍이 때로는 사람을 강하게 하지 않는가.

### 2014년 3월 15일

『노인과 바다』를 쓴 어니스트 헤밍웨이는 죽어서도 쿠바를 지극히 사랑했다. 우리는 다른 관광객들처럼 가는 곳마다 헤밍웨이를 만났다. 어마어마하게 넓고 고급스러운 그의 집을 방문하고, 그가 머물렀던 호텔을 보았으며 그가 자주 들렀던 바(bar) 엘 플로리디타에서 그가 즐겨 마셨던 다이키리 칵테일을 맛보고 그의 동상 옆에서 사진도 찍었다. 또

『노인과 바다』의 산티아고 노인이 실제 살던 마을인 코히마르 바닷가를 방문하였다. 거기에도 헤밍웨이의 동상이 서 있었다. 쿠바는 1960년에 사회주의 혁명으로 외국인의 모든 자산을 몰수하고 국유화하며 미국과 단절하였다. 그렇게 헤밍웨이는 떠났는데 그를 이용한 상술로 헤밍웨이는 여전히 쿠바에 존재하고 있었다. 참 아이러니가 아닐 수 없었다.

109m 높이의 호세 마르티 기념탑에 올라갔다. "단 한 사람도 불행한 사람이 있다면 그 누구도 편안하게 잠을 잘 권리가 없다." 그는 혁명가이자 독립운동가이고 시인이었다. 그의 기념탑 전망대에서는 체 게바라와 카밀로 시엔푸에고스의 얼굴 선형 조형물이 20차선 건너편으로 커다랗게 보였다. 체 게바라는 쿠바 혁명사에서 빼놓을 수 없는 아르헨티나 사람으로 쿠바가 어느 정도 안정되자 1967년 볼리비아에서 게릴라군을 조직하다 정부군에 체포되어 사망했다. 그 역시 쿠바 곳곳에 특유의 베레모를 쓴 사진으로 살아 있었다.

아르마스 광장으로 가는 길목에는 책을 가판대에 전시해놓고 팔고 있었다. 길바닥에 옷이나 장신구를 파는 가게들은 수없이 보았지만 책 가판대는 생소해서 반갑고 신선했다. 괜히 제목을 읽어보는 척하며 그 앞에서 한참을 기웃거렸다. 셰익스피어와 세르반테스 등 세계적인 문학가의 동상도 길에서 볼 수 있어 신기했다. 문학이 대접받는 것 같았다.

JARDIN

OFICIOS

아바나 대성당은 바로크 양식의 결정체로 차분하면서 고풍스러웠다. 라틴 아메리카에서 가장 아름답다고 한다. 콜럼버스의 유해가 100년간 안치되었던 대성당과 프란체스코 성당과 주변 광장은 전체가 유네스코 문화유산으로 지정될 정도로 역사적 의미가 있었다.

밤에 쿠바 춤 살사 공연을 보았다. 살사는 아프리카에서 끌려온 흑인 노예들의 유일한 놀이 문화였는데 지금은 일상의 일부가 되어 길거리 공연으로도 이어지고 있었다. 남녀 무용수들이 온몸을 현란하고 격렬하게 흔들었다. 얼마나 흥을 돋우는지 의자에 점잖게 앉았던 내 몸도 절로 들썩거렸다. 차차차와 룸바 리듬도 흘러나오고 춤은 더 농염해졌다. 무용 의상은 화려함의 극치였다. 하긴 쿠바는 모든 게 다 화려해 보였다. 나는 화려함 뒤에 감춰진 빈곤과 슬픔도 보았다. 어쩔 수 없겠지. 골목에 칠해진 건물의 색상이 제각각이고 카페 안은 컬러풀했으며 길에 서 있는 자동차들도 화려하였다. 분홍 롤스로이스, 빨간 시보레, 새하얀 자거, 파란 부가티, 노란 메르세데스 등, 1950년대의 육중한 자동차들이 형형색색으로 아직 도로를 누비고 다녔다. 유난히 자동차를 좋아하는 남편 생각이 절로 났다. 남미 여행은 아름답고 멋지다는 말로는 부족한, 기가 막힌 절경과 비경이어서 거의 매일 감탄하며 동시에 안타까웠다. 같이 왔다면 얼마나 좋았을까.

2014년 3월 16일

요즈음 뜨는 세계인의 휴양지, 칸쿤으로 간다. 쿠바에서 출발하는 비행기가 5시간 연발이란다. 내일 아침 칸쿤 출발이라서 바닷가에서 놀 수 있는 시간이 오늘 오후뿐인데 그 오후가 협소한 하바나 공항 의자에서 속절없이 지나가고 있었다. 쿠바 사람인 현지 가이드는 북한식 억양이긴 하지만 한국말을 아주 잘 구사했다. 그는 북한 대사관에 근무했던 아버지를 따라가서 김일성 대학을 다녔다고 했다. 그에게 공항에서 기다리는 동안 쿠바 구경을 더 시켜주면 사례를 하겠다고 제의했지만, 일언지하(一言之下)에 거절당했다. 정해진 시간과 코스 외에 임의로 다른 관광을 시켜주면 문책이 따른단다. 역시 쿠바였다. 비행기가 뜨지 않는 이유도 알려주지 않았다. 항의나 채근은커녕 마냥 처분만 기다려야 하는 것이 공산국가 관광이었다.

칸쿤에 도착하여 밥 먹고 나니 깜깜한 밤이었다. 일 분 일 초가 아까운 하룻밤 숙박인데다 먹고 마시는 것이 숙박 비용에 다 포함되어 있었다. 바닷가 벤치에서 이야기꽃을 피우는 동안에 호텔 직원들이 끊임없이 우리에게 다가와 서비스를 제공했다. 나는 모히토를 다섯 잔이나 벌

컥벌컥 받아 마셨다. 그러면서 아쉬움을 달랬다.

### 2014년 3월 17일

새벽에 일어나 바닷가에 나가기 위해 옷을 주섬주섬 챙겨 입었다. 바람막이로 마스크도 썼다. 가이드가 깜짝 놀라 마스크를 하면 강도로 오해받는다고 극구 말렸다. 이 멀리까지 왔는데 에메랄드빛 바닷물에 손 한 번 담그지 못하는 것이 아쉬워서 나는 단체 일정을 시작하기 전에 서둘렀다. 해변은 조용했다. 간간이 달리기하는 사람이 있었다. 한 시간 동안 하염없이 앉아 있다가 슬몃슬몃 바다로 걸어 들어갔다. 옷이 젖어도 상관없었다. 카리브해가 아닌가. 도둑맞을까 겁이 나서 사진기를 안 가지고 나가서 멋진 일출을 못 찍었는데, 바닷물에 들어가 있는 내 모습은 사진으로 남았다. 방갈로 창문 너머로 내 모습을 본 백여사가 "해숙씨 바다로 들어간다. 죽으러 가는 거 아냐?"라며 야단법석을 떨 때 그 남편이 줌(zoom)으로 당겨 사진을 찍어준 덕분이었다. 남미 여행 사진 1,000장 중에 가장 귀한 사진이다.

칸쿤에서 버스를 타고 두세 시간을 달려서 마야문명의 흔적이 남아 있는 치첸이트사(Chichen Itza)에 갔다. 그곳은 5세기 전후하여 마야문명

이 융성했던 곳이다. 기원전 수 세기부터 마야(Mayas)족이 제국을 건설했으며 그들은 천문학, 수학, 조각, 의학 그리고 예술적 측면이 뛰어났다고 평가받고 있다. 마야족은 지구가 둥글고 일식과 월식의 법칙을 알았으며 세계에서 최초로 0의 개념을 이해하고 사용한 부족이란다. 치첸이트사에는 마야 신전 피라미드 엘 카스티요(El Castillo)가 있는데 피라미드 계단에는 1개당 91개의 단이 있고 동서남북 4면의 단 수가 맨 아랫단의 통면 하나와 합치면 365개로 일 년 일수와 딱 맞다. 거대한 피라미드는 높이가 30m, 바닥이 55.3m인데 인신(人身) 공양으로 하늘에 제사를 올렸다고 한다. 주변에는 경기장이 있었고 경기 후에는 이긴 팀의 주장이 제물로 바쳐지는 과정을 벽에 고스란히 부조해 놓았다. 그게 영광이라는 무지하고 잔혹한 풍습에 고개를 흔들고 재빨리 그곳을 떠났다. 세계는 넓고 별난 문화도 많다.

2014년 3월 18일

멕시코시티는 호수 위의 섬이었는데 스페인이 점령하면서 호수를 메워 지은 거대 도시라고 한다. 믿어지지 않는 게 한둘이 아니어서 그냥 믿기로 했다. 스페인은 이번 여행에서 나에게 가장 큰 궁금증을 유발시켰다. 어떻게 1500년경의 그 열악한 항해시대에 유럽에서 바다를 건너와 아르헨티나, 페루, 파라과이, 쿠바, 멕시코 등의 많은 중남미 국가들을 다 점령하고, 300여 년 동안 에스파냐제국을 유지할 수 있었을까. 잉카제국 정복에 나선 스페인의 장군 피사로는 보병과 기병을 합친 180명과 대포 1대와 말 30마리로 교묘한 전술을 펼쳐 인구가 600만 명인 잉카제국을 접수했다고 한다. 생각할수록 알 수 없는 역사의 세계이다.

멕시코시티가 2,000m 고지대이고 여행의 끝자락이라 긴장감이 풀린 탓인지 어질어질한 고소(高所) 증세가 왔다. 두통약을 먹고 멀찍이 구경만 하기로 했다. 멕시코시티의 소칼로 광장은 보라색 꽃이 환하게 핀 가로수가 있었고, 사방이 각각 240m나 되었다. 그곳은 초고층 빌딩이 운집해 있는 것으로 봐서 경제의 중심지이고, 대통령 궁과 정부청사 건물이 있으니 정치적으로 중요한 지점이며 성모승천 성당(메트로폴리타나성당)이 정면에 있으니 종교적으로 의미 있는 곳이었다. 우리나라로 치면

광화문 광장이랄까. 피켓을 든 시위대가 아침부터 거리에 나선 것도 비슷했다.

성모승천 성당은 240년에 걸쳐 지어진 중남미에서 가장 멋진 성당으로 매머드급 규모를 자랑하였다. 화려한 제단과 조각과 성화와 스테인드글라스를 보며 입을 다물 수 없었다. 성당 옆에는 주황색 비닐 띠로 라인을 쳐 놓았는데 아즈테카 문명의 유적을 발굴 중이라 했다. 우연히 수도 공사를 하다가 석관을 발견하여 고증했는데 유물이 달의 신의 무덤이었다고 한다. 몇년 후에는 이곳도 관광지로 변모하지 않을까 싶다.

시내 투어 중에 남대문 시장 같은 멕시코의 한인 상가에 들렀다. 그곳은 지금 진통을 겪는 중이라 했다. 중국 자본이 들어와 한인 가게를 두 배나 주고 사서는 어느 정도 매물이 줄자, 상가 가격을 세 배로 올려 버렸단다. 처음에는 좋다고 가게를 팔았던 한인들이 다시 가게를 살 수 없어 생계가 막막하다고 현지 가이드는 걱정하였다. 거대 자본의 횡포는 이역만리 내 민족에게도 예외는 아니어서 마음이 짠했다.

원뿔 모형의 과달루페 성당을 방문했다. 겉모양처럼 내부도 특이하게 세계 각국의 국기가 게양되어 있었다. 5대양 6대주를 나타낸다는 벌집 모양의 천장 조명이 눈길을 끌었고, 성당 전면의 큰 십자가 아래에 검

은 성모마리아의 그림이 있는 것도 색달랐다. 교황청으로부터 부여받은 성당 이름은 뉴(new) 바실리카 성당인데, 1709년에 완공된 올드(old) 바실리카 성당이 지반 침하로 기울어지고 붕괴 조짐이 있어 그 옆에다 1974년에 새로 건축한 것이었다. 과달루페 성당은 동정녀 마리아가 멕시코 인디언인 후안 디에고에게 현신(現身)하여 그 자리에 교회를 세우라는 명을 내려 건립된 성당이다. 세계 3대 성모 발현지로 순례객들이 일 년에 2,000만 명이나 참배하며, 뉴 바실리카 성당은 1만 명이 동시에 미사를 볼 수 있다. 라틴 아메리카에서 가장 중요한 성지이다. 나는 두 손을 모으고, 길고 힘든 여정을 무사히 마칠 수 있음에 감사드렸다. 그리고 카톨릭 신자인 어머니에게 선물할 묵주를 사고 검은 마리아의 현신 스토리가 조각된 팔찌도 샀다.

피라미드는 이집트에만 있는 줄 알았더니 멕시코에 200여 개나 있고 그중에 제일 큰 것은 테오티우아칸(신들의 도시)에 있었다. 세계에서 세 번째란다. 남미 여행은 '세계에서….'가 안 들어가는 게 없을 정도로 규모나 역사가 상상을 초월하였다. 이집트의 피라미드는 무덤인 데 비해 멕시코의 피라미드는 제사를 지내는 신전이었다. 테오티우아칸에는 산 자의 심장과 피를 제단에 올리는 달의 피라미드가 있고 조금 떨어진 곳

에 서너 배나 되는 태양의 피라미드가 있으며, 그 사이에 죽은 자의 거리가 있었다. 이 고대 도시는 7세기경 자취를 감추었다는데 이를 발견한 아즈테크인들은 엄청난 규모에 놀라 신들의 도시로 떠받들었다고 한다. 현지 가이드는 달의 신전부터 안내하였는데 나는 혼자 태양의 신전으로 갔다. 두 군데 다 오를 자신이 없어 일찌감치 그곳으로 가서 태양의 기운을 가득 받고 싶어서였다. 달의 제단에 바쳐져 죽은 자가 죽은 자의 거리를 지나 태양의 피라미드에 오면 태양의 기운으로 환생하지 않을까. 나는 죽은 자의 거리를 산 채로 걸어가면서 혼자 소설을 썼다. 태양의 피라미드 250계단을 불과 30계단 남기고 자리에 앉았다. 속이 메슥거리고 온몸의 기운이 다 빠졌다. 손가락 하나 까닥거릴 힘도 없었다. 꼭대기까지 다 오르고 싶은 나를, 또 다른 나는 이만해도 충분하다고 좀 쉬었다가 그만 내려가자고 달랬다. 출중한 능력이 없고 대단한 노력도 없이 꿈만 웅대한 나를 주저앉히느라, 나는 평생 힘이 들었다. 그래서 이렇다 하게 내세울 건 없지만 그래도 괜찮다. 이만하면 대만족이다.

태양의 신전 꼭대기 언저리에서 따끈따끈한 태양의 기운을 듬뿍 받으며 나는 나에게 주어진 이 행복에 감사드리며 중남미 18일 여정을 마무리했다.

## 3월 21일

멕시코시티에서 출발한 비행기는 LA에 기착하고 다시 서울로 돌아가게 되었다. LA에는 여고 동창생 L이 살고 있어 며칠 묵어가기로 했다. 우리는 해후의 기쁨을 만끽하며 꿈같은 시간을 보냈다. 밤을 새워 이야기하고 같이 운동하며 차를 한 시간이나 타고 가서 쇼핑도 하였다. 3일째는 친구가 회사에 나갈 일이 생겨서 혼자 게티 미술관으로 갔다. 미국의 석유 재벌인 J. 폴 게티가 개인 소장품과 기금으로 세운 게티 센터는 1조 원의 공사비가 투입되었다고 했다. 주차장에서 하얀 트램을 타고 10분 정도 올라가니 미술관 입구였다. 그곳에는 하얀 대리석 건물 네 개 동이 있었으며 세상의 온갖 화초가 모여 있는 듯 아름답게 꾸며진 센트럴가든도 있었다. 위치도 좋아서 로스엔젤레스의 전경이 한눈에 다 보였다. 미술관에는 어마어마한 양의 미술 작품이 전시되어 있었는데 관람료가 없었다. 트램도 다 공짜였다. 석유 재벌은 과연 다르구나. 남을 위해 나눌 줄 아는 사람이 진정한 부자인 것을 다시 한번 느꼈다. 그 마음이 남긴 작품, 게티 센터는 미술관의 어느 작품보다 나를 감동시켰다. 렌트카 기사님이 두 시간 후에 오기로 했기 때문에 점심 식사도 거른 채 분주

하게 센터를 돌아다녔지만 반의 반도 돌아보지 못했다. 아쉬웠다. 다음에 다시 온다면 그때는 하루를 온통 다 할애하겠다는 다짐을 하고 약속 장소로 갔다. 산타모니카 해변에 들렀다가 다운타운으로 갔는데 길거리에서 싸이의 〈강남스타일〉이 들려왔다. 반가웠다. 미국 시내 한복판에서 우리 노래가 울려 퍼지다니. 사실 중남미 오지에서도 어디서 왔냐고 물으면 나는 〈강남스타일〉의 말춤 흉내를 내었다. 그것이면 다 통했다. 상대방이 아는 체를 하고 똑같은 포즈를 취하며 친근하게 다가왔다. K-팝의 세계화와 문화의 위대함이 빛을 발하는 순간들이었다. 보고 싶던 친구와의 만남까지 성사되어 중남미 여행을 마치고 돌아가는 마음이 아주 흡족했다. 이제 큰 숙제를 끝냈다.

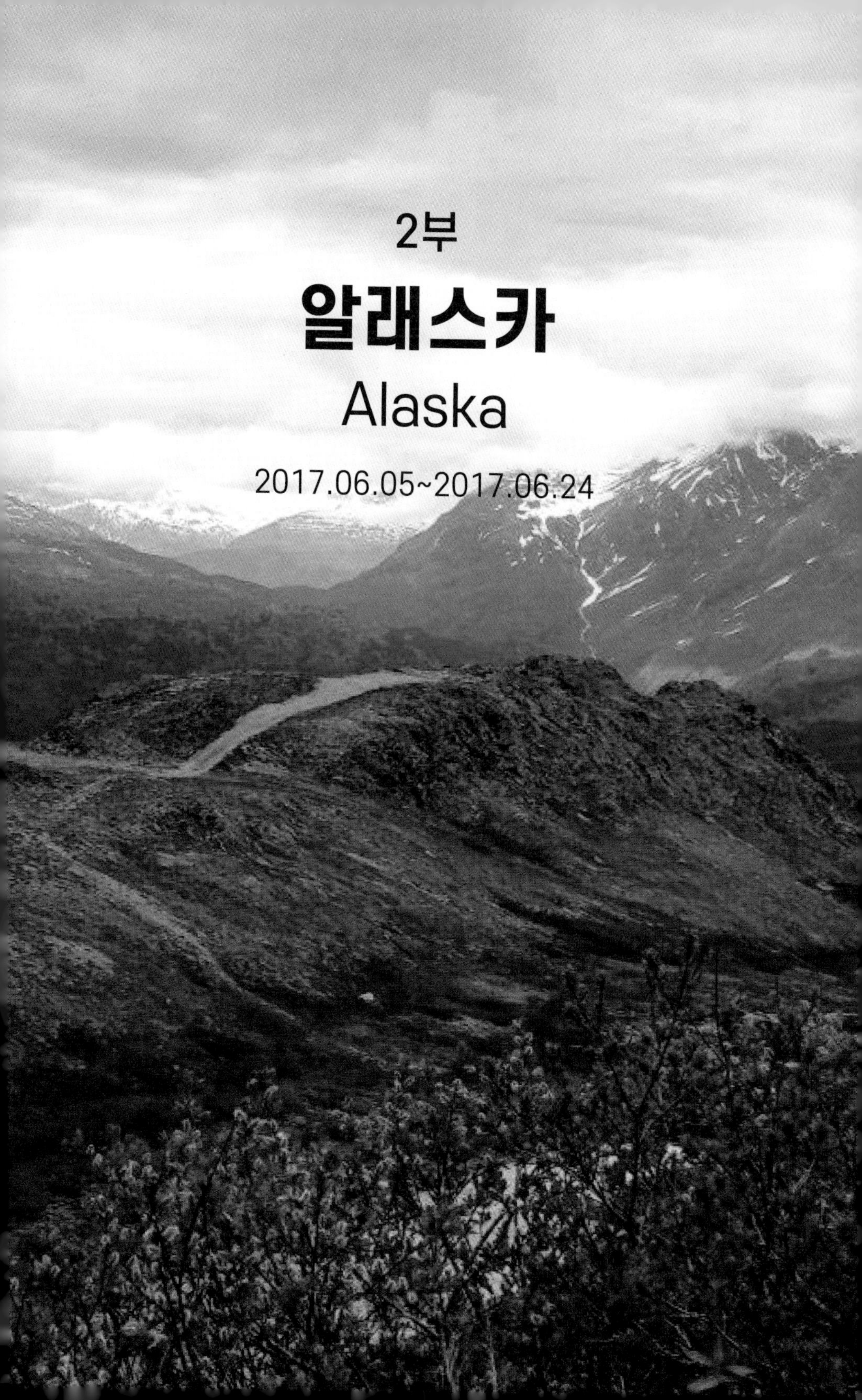

2부

# 알래스카

## Alaska

2017.06.05~2017.06.24

## 가자! 알래스카로

나의 신년은 여행계획과 함께 시작된다. 어디를 갈까. 언제 갈까. 누구랑 갈까. 그런데 올해는 계획을 세우기가 염치가 없어 3월이 되도록 호시탐탐 기회만 노리고 있었다. 작년 6월에는 남프랑스와 아이슬란드를 다녀왔고, 11월에는 스페인 곳곳을 누비며 일생 최대로 행복한 나날을 보내고 온 후여서 차마 또 나가겠다는 말이 떨어지지 않았다. 남편은 건강상 장거리 여행을 할 수 없어 나 혼자 떠나야 하는 상황이다. 눈치만 보고 있던 차에 함께 사는 딸 내외가 7월에 해외 근무를 나갈 예정이라고 했다. 때는 지금이다 하고 남편에게 물었다.

"여보, 나 한 보름 여행 가려고 하는데 아이들이 없을 때가 좋아? 아니면 있을 때 갈까?"

"아이들 있을 때가 좋지."

여행을 다녀와도 되느냐는 양해가 아니고 무조건 언제가 좋으냐고 막무가내로 묻는 내게 순진한 남편은 아이들이 있을 때 다녀오란다. 이런 횡재가! 속으로 '아싸!'를 외치면서도 심드렁하게 말했다.

"그러지 뭐. 6월 안에 돌아오는 걸로 한번 짜볼게."

내 여행에서 가장 힘든 일이 그렇게 순식간에 해결되었다.

그다음부터는 일사천리였다.

"조 여사! 6월에 20일 동안 여행 갑시다."

"콜! 계좌 보내줘요."

조 여사는 십 년째 어딜 가나 함께 떠나는 내 여행 파트너이다. 그녀는 나보다 어리고 더 건강하며, 리액션이 풍부하여 무엇을 하든 기쁨이 배가 되었다. 그리고 무조건 나를 믿고 따라주어서 더 많은 것을 보고 느끼게 해주고 싶었다. 6월 5일로 출발 시기를 정하고 여행할 곳을 살펴보았다. 6월에 가장 아름다운 곳은 어딜까. 작년에 갔던 아이슬란드가 생각났다. 그곳은 불과 물의 나라였다. 바다, 화산, 사막화, 폭포, 빙하, 분화구가 있고, 가는 곳마다 경치가 독특하였다. 바다로 떨어지는 절벽의 절경이었다가, 지평선까지 온통 보라 꽃 천지였다가, 용암 물이 하늘 높이 뿜어져 나오는 간헐천이었다가, 다리 아래로 빙하가 둥둥 떠다니는 장관이었다가, 길가의 이끼 하나도 천년의 세월을 품고 있었다. 평화롭고 아름다웠다. 그런 곳이 또 없을까 생각하다가 같은 위도의 알래스카에 시선이 꽂혔다. 그래 바로 그곳이야. 지구를 세 바퀴 반이나 돌았다는 한비야 씨도 알래스카를 가장 멋진 곳이라 하지 않았던가. 가자! '섬이 아닌 거대한 땅'인 알래스카로.

# 알래스카(2017.6.12.~6.22.)

## 2017년 6월 12일

알래스카(Alaska) 앵커리지(Anchorage) 공항에 도착하여 비행기에서 내린 사람들을 졸졸 따라 나가니 그대로 짐 찾는 곳으로 이어졌다. 입국 심사를 안 받았는데 어쩌느냐고 당황하며 주변을 돌아보니 다들 가방을 들고 입구로 나가고 있다. 우리를 마중하러 *김이 나와 있었다. 그는 불안해하는 내 질문에 여기는 입국 심사가 따로 없다고 했다. 미국의 49번째 주라서 국내선 공항처럼 무사통과인데 가만히 생각해보니 밴쿠버에서 출발할 때 조금 복잡하게 서류를 작성하긴 했었다. 그게 이곳 입국 심사였다.

알래스카 여행은 *김이 수고해주기로 했다. 그는 블로그를 운영하는 사람인데 인터넷으로 알래스카를 검색하다가 알게 되어, 이번에 열하루 일정을 우리와 함께하기로 했다. 그는 7년째 알래스카에 살고 있으며 알래스카의 지형과 문화와 지역 정보는 물론 알래스카에 대한 무한 애정으로 우리에게 그 좋은 걸 되도록 많이 보여주고 느끼게 해주려고 하루 12시간씩의 수고를 아끼지 않았다. 방송 전용 가이드여서 바쁘고 귀한 분인데 어떻게 나와 인연이 닿았는지 생각할수록 신기하고 또 고마웠다. 나는 어쩜 이렇게 인복이 많은지 그저 감사할 뿐이다.

우리는 도착하자마자 곧장 앵커리지 벼룩시장으로 갔다. 주말에만 열리는데 다음 주말에는 이곳에 없기 때문이다. 시장은 오후가 되면서 이미 파장 분위기였다. 바람이 불어 서둘러 철시를 한 곳도 있었다. 나무가 울창한 곳이니만큼 목각을 많이 하는지 투박한 나무의 결을 그대로 드러낸 동물들 조각품과 그릇 가게가 많이 보였다. 그림과 공예품과 토산품에다 각종 동물의 가죽과 털을 이용한 제품도 많고 그중에서 나는 검정 털모자를 하나 써보았다. 모양이 괜찮고 그리 비싸지는 않았지만, 한국에서 쓸 일이 별로 없어서 슬그머니 내려놓았다.

개썰매가 유명한 곳이라 어느 가게에서는 개 두 마리가 나와서 관광객을 맞이하고 썰매 타는 사진을 함께 찍어주고 있었다. 하얀 천막이 죽 늘어선 모습은 우리네 시골 장터와 별반 차이가 없어 정겨웠다. 상품의 질도 고만고만해 보였다. 미국이 아니라 미국의 49번째 주인 알래스카에 온 것이 실감 났다.

앵커리지 시내의 다리 위에 있는 찻집을 찾아가다가 강가를 지나게 되었다. 강에는 연어를 잡으려는 강태공이 군데군데 서 있었다. 아직은 연어가 많이 올라올 때가 아니지만 많은 사람이 낚시를 즐긴다고 하였다. 시내에 강이 있으니 심지어는 출근하기 전과 퇴근하고 나서도 두어 마리 잡아서 집으로 돌아간단다. 참 꿈같은 이야기다. 저녁이 있는 풍경이 그런 게 아닐까. 새삼 감탄하고 있는데 갑자기 강에 있던 사람의 몸놀림이 부산스러웠다. 뭔가를 흔들고 세게 두드린다. 조금 있으니 그가 1m 남짓 큰 연어 한 마리를 끌고 강변으로 올라섰다. 뛰어가 보았다. 기절한 연어는 허리부터 발끝까지 이어졌다. 죽을 때가 되면 태어

난 강으로 와서 알을 낳고 죽는다는 연어의 일생에 대해 수없이 듣고 또 먹어도 보았지만, 연어 한 마리를 오롯이 직접 본 건 처음이어서 나도 흥분되었다. 이렇게 큰 걸 어떻게 잡았냐고 호들갑스럽게 손짓 발짓을 하고 기념사진도 찍었다. 연어 잡이는 쉬운 일은 아니라고 한다. 세차게 흐르는 강에서 연어가 강을 거슬러 오르는 높이와 낚싯줄을 내려뜨린 깊이

가 일치하여야 연어를 낚을 수 있는데 강물이 끊임없이 흔들리기 때문이다. 하기야 쉬운 일이면 재미가 덜 하겠지. 힘들고 어려울수록 결과에 대한 쾌감이 더 짜릿하고 그래서 그 손맛에 오늘도 많은 사람이 차디찬 강물에서 허벅지까지 올라오는 장화를 신고 연어를 기다리고 있는 것이리라.

*김이 예약해준 호텔에 들었다. Americas Best Value inn & Suite였다.

방문을 열어보고 나는 깜짝 놀랐다. 이제껏 여행한 중에 가장 넓은 호텔이었다. 큰 침대가 놓인 방이 하나 따로 있고 홀에도 넓은 침대가 있으며 소파가 있었는데 그 소파는 침대 겸용이었다. 게다가 대형 냉장고와 전기레인지를 갖추고 있어 너덧 식구가 생활하기에 넉넉해 보였다. 이곳은 북쪽의 사람들이 한두 달씩 그나마 따듯한 겨울을 지내고, 미국 본토 사람이 한두 달씩 시원하게 여름을 보내고 가는 리조트여서 그런지, 공간이 넓고 쾌적했다. 조 여사와 둘이 쓰기에는 아까울 정도로 넓어 가족들이 생각나고 함께 여행 다니던 친구들도 그리워졌다. 다 같이 왔으면 좋았을 걸. 이 넓고 밝고 깨끗한 공간에서 때로는 밥을 해 먹고 같이 구경 다녔으면 좋았을걸. 그래도 이 호텔에 6박이 예정되어 있어서 그것으로 만족했다. 땅끝마을 호머와 동쪽 발데즈에서 1박씩 하고 북쪽 도시인 페어뱅크스에서 자는 2박 외에는 다 이곳으로 예약했다. 나는 여행 다니면서 맛집보다 숙소에 더 신경을 쓰는 편이다. 하루의 반을 숙소에서 보내기 때문이다. 교통이 좋고 하얀 커버를 한 침대에 전망마저 좋다면 조금 비싸도 괜찮다고 생각한다. 그러다 보면 숙박비가 여행경비의 반을 넘을 때도 있다. 이 호텔은 사장이 한국 사람이라 더 마음이 놓였다. 그는 시애틀에 사는 교포인데 한국에서 온 할머니들을 반갑게 맞이했다. 무엇이든 불편하면 얘기하라며 호텔에서 가장 전망 좋은 방을 배정했다. 혹시 여행 중에 필요하면 언제라도 연락하라면서 호텔 명함을 건네주고 컵라면도 주었다. 외국에 나가서 언어가 통한다는 게 얼마나 마음 든든한 일인지 모른다. 한인 가이드에 든든한 지원군까지 있으니 어느 때보다 편안하게 여행을 즐길 수 있을 것 같았다.

넓은 거실의 식탁에다 사슴고기 핫도그를 꺼내 놓았다. 그 핫도그는 앵커리지의 유명한 거리 음식인데 문 여는 시간이 일정치 않아 눈에 보이면 무조건 사야 한다. 핫도그에 온갖 토핑을 다 하였더니 한입에 먹을 수 없이 두텁고, 또 길에 서서 먹을 수 없어서 호텔에 가지고 온 것인

데 아주 근사한 한 끼 식사가 되었다. 사슴고기는 기름기가 없이 고소하였다. 배불리 먹고 창밖을 보니 눈 덮인 산이 정면에서 나를 내려다보고 있었다. 알래스카에는 3,000m가 넘는 봉우리들이 많고 앵커리지에서 가장 높은 산인 마카스베이커는 4,000m가 넘어 앵커리지나 그 주변 어디서건 하얀 설산을 볼 수 있다. 이렇게 행복할 수가.

### 2017년 6월 13일

위디어(Whittier) 가는 길에도 두텁게 눈 덮인 산들이 여전히 나를 따라왔다. 여기가 어디인가. 로키 산맥에서 비행기를 타고 3시간이나 북쪽으로 올라왔는데 똑같은 그 산군들이었다. 알래스카 산들이 그대로 바다로 떨어진다는 것이 캐나다의 로키 산맥과 다를 뿐 이곳도 역시 장관이었다. 게다가 위디어 가는 길은 세계 10대 드라이브 길로 명성이 자자하다. 우람한 자작나무가 도열해 있고 내륙으로 깊숙이 들어온 호수 같은 바다와 노란 기차가 달리는 철길이 예뻤다. 이슬비가 내리다 말다 하였다. 구비를 틀 때마다 산허리에 두른 안개가 운치를 더해주었다. 이 길을 손수 드라이브하겠다고 차를 렌트하고 국제면허증까지 준비했으나 행운인지 불행인지 그럴 기회는 주어지지 않았다.

신나게 달리던 차가 멈추었다. 다른 차들도 길에 잔뜩 서 있었다. 경찰이 우리에게 가운뎃줄 뒤로 정렬하라고 사인을 보냈다. 일렬로 서서 건널목 신호를 기다리고 있는 그곳에는 터널(Anton Anderson Memoriel tunnel)이 있었다. 자동차와 기차가 같이 이용하기 때문에 기차가 지나갈 시간을 기다리는 것이다. 폭이 좁아서 일방통행으로 30분마다 건너편 차들이 지나가기를 기다리느라 차들의 행렬은 더 길어졌다. 터널은 2차 대전 때 위디어항을 군사 목적으로 이용하기 위해 팠다는데 그 길이가 3~4km나 되었다. 단단한 바위산을 어떻게 뚫었을까. 인간의 위대함과 함께 미국 사람들의 정서도 느껴졌다. 요즈음은 길 내고 터널 뚫는 것이 식은 죽 먹듯 쉽다는데, 굳이 기차와 자동차가 그것도 편도로 이용하게 하여 '세계 유일의 자동차 기차 겸용 일방통행 터널'이라는 스토리를 만들어놓았다. 관광객들에게 볼거리와 이야깃거리를 제공하

는 것이다. 불과 200년 역사를 보완하듯 스토리를 제공하는 관광 사업에 대한 새로운 접근이 신선했다. 나에게도 그 터널은 기다림의 여유와 역사를 곱씹어보는 기회는 물론 터널을 더 찬찬히 바라보는 시각으로 위디어 여행에 또 다른 재미를 안겨주었다.

Whittier 항에서 프린스 윌리엄 사운드(Prince William Sound) 지역의 빙하를 구경하는 크루즈 투어를 시작했다. 5시간이 소요되는데 크루즈는 출발하자마자 우리를 새들의 천국으로 안내했다. 하얗고 앙증맞은 새들이 절벽에 빽빽하게 앉아 있었다. 마치 살아서 꿈틀거리는 하얀 절벽을 보는 것 같았다. 작고 귀여운 것에 대한 찬사로 관광객들은 모두 탄성을 지르고 쉴 새 없이 셔터를 눌렀다. 배는 바다를 미끄러지듯 나아갔다. 연안이라 파도도 별로 없어 선실로 들어가니 이곳이 배인지도 모를 정도로 흔들림이 없었다.

배 안에서 점심을 먹었다. 비싼 크루즈 삯에 포함된 메뉴였다. 알래스카 빙하 크루즈는 종류가 다양한데 이 써프라이즈 빙하 크루즈의 점심 메뉴가 가장 알차다고 한다. 두툼한 스테이크는 입에서 두어 번 씹으니 꿀꺽 넘어가고 연어는 씹을 것이 없이 녹았으며 생맥주도 술술 잘 넘어갔다. 야채 샐러드와 볶은 밥에 커피까지 야무지게 다 챙겨 먹었다. 이

특별한 순간이 내 가슴 속에 영원히 남도록 꼭꼭 씹었다.

다시 갑판이 소란스러워 나가보니 해달 무리가 있었다. 크고 작은 몸집이 아마도 한 가족 같았다. 바다에 몸을 반쯤 드러내고 한가하게 노는 모습에 내 마음도 한없이 포근하였다. 어디나 가족이 함께 있는 모습은 저절로 미소를 짓게 한다. 써프라이즈 빙하가 나타나자 일제히 탄성이 터졌다. 입이 딱 벌어졌다. 그야말로 써프라이즈 그 자체였다. 헤리만 피오르에 자리한 빙하는 어마어마한 규모가 볼거리지만 흰색이 얼면 푸른색이 된다는 사실도 놀라웠다. 저 광활함이 빙산의 일각이라면 실체는 얼마나 더 어마어마할까. 수면 아래는 얼마나 더 꽝꽝 얼었을까. 그런데 최근에는 지구온난화의 폐해가 세계 곳곳에서 나타나고 있어 환경학자들은 산 위에 있던 빙하가 해안까지 내려오면서 너무 빨리 많이 녹고 있다고 경고하였다. 그래서 높아지는 해수면으로 많은 섬이 가라앉고 있다고 했다. 빙하 가까이 다가가고 크루즈 엔진 열로 수온을 높이며 유빙을 건드리는 이런 크루즈 관광이 그 과정을 부채질하는 것은 아닐지 우려가 되었다. 쌍둥이 빙하도 보았다. 케스케이드 빙하, 콕스 빙하, 베리 빙하, 그 엄청난 규모의 빙하들이 빚어내는 자연의 신비는 아무리 보아도 질리지 않았다.

앵커리지로 돌아가는 길에 숲에 들어갔다. 그곳에는 고비가 올라와 있었고 어수리 나물도 알맞게 순이 나왔다. 봄나물이 막 올라오는 시기여서 어디를 가나 나물을 채취하는 사람들을 볼 수 있는데 특히 한국 할머니들이 단체로 와서 많이 꺾어가는 바람에 채취 금지가 된 곳도 있다고 했다. 사방이 나물 천지인데 그깟 좀 많이 뜯어간들 그렇게까지 할 건 또 뭐람. 불로초, 상황버섯, 블루베리 등이 지천으로 있어 살기 좋은 곳이 알래스카가 아닌가. 기껏 서너 달 지나면 다시 동토(凍土)의 땅인데 손으로 따는 게 얼마나 된다고 그렇게 제재하는지 듣고 보니 은근히 부아가 났다. 아무도 안 보는 이 숲에서 홧김에 많이 꺾으려 했는데 나는 5분도 못 되어 얼굴을 움켜쥐고 도로로 뛰어나오고 말았다. 모기가 왱왱거렸다. 나물 먹으려다 내 피를 바치면 이게 무슨 날벼락이랴. 그래도 조 여사의 두 손에 들린 나물들을 삶고 데쳐서 맛나게 먹었다. 마트에서 산 큼직한 새우를 버터에 굽고 블루베리를 넉넉히 넣은 요플레까지 곁들였더니 훌륭한 저녁 식사가 되었다.

## 2017년 6월 14일

알래스카의 땅끝마을인 호머로 향했다. 길이 멀어 하룻밤을 거기서 자고 올 작정이다. 앵커리지에서 출발한 지 한 시간 만에 철새 도래지에 도착했다. 바다에 인접하여 드넓은 습지가 펼쳐졌다. 나무 데크로 깔아놓은 산책길을 걸었다. 군데군데 보이는 오리 떼의 종종거리는 걸음과 바다 갈매기의 힘찬 날갯짓과 캐나다 갈매기의 군무와 러시아 제비의 예쁜 몸짓이 간간이 우리의 발걸음을 붙잡았다. 사람들이 모여 있는 곳에는 무소 가족이 있었다. 무소는 색깔이 다른 새끼 무소 두 마리와 같이 있었는데 한 마리가 누워 있었다. 내 걱정스러운 눈빛에 *김은 잠자고 있는 거라고 했다. 천천히 움직여서 사진 찍기 좋았다. 어미 소를 졸졸 따라다니는 새끼의 모습은 무조건 작품이었다. 키 큰 나뭇가지 끝에 새 두 마리가 한 가지씩 차지하고 있는 모습도 포착했다. 날아갈까 봐 살금살금 다가가 사진을 찍고 얼마나 기뻤는지 모른다. 알래스카에서는 차를 타고 다녀도 늘 깨어 있어야 했다. 언제 어디서 동물이 나타날지 모르기 때문이다. 골프장에 곰이 나타나고 우리가 묵었던 호텔에 무소가 나타난 사진도 보았으며 *김의 집 마당에 무소가 서 있어 무심코 현관문을 열었다가 기겁을 한 적도 있었다고 했다. 동식물이 어우

러져 하나의 세계를 형성하고 있는 알래스카의 자연은 그래서 더 풍성하고 생기가 넘쳤다. 나는 바닷가에서 흰머리독수리의 비상을 보고 환호했고 20m 산 중턱에 곰 한 마리가 웅크리고 자는 모습을 보고 굴러떨어질까 조바심을 쳤다. 디날리에서는 강을 건너는 무소 일곱 마리를 보았고 해처패스에서는 죽어라 사랑하던 너구리 두 마리의 모습에 숨을 죽였으며 페어뱅크스의 공원을 산책하다가 무리로부터 처절하게 왕따 당하는 오리가 불쌍하여 고개를 돌리고 말았다. 사랑하고 미워하고 보듬고 장난치는 희로애락이 인간과 다를 바 없었다. 인간도 동물의 한 부류임을 다시 느끼게 하였다.

*김이 가던 길을 멈추고 허름한 집으로 안내했다. 금광 채취를 체험하는 곳이다. 그곳에는 비닐 화분에 흙이 담겨 있고 가격이 쓰여 있었다. 50달러 30달러 10달러. 우리는 10달러씩 내고 제일 작은 화분을 받아서 우물가로 갔다. 양푼에 흙을 담고 물을 부었다. 쌀알 일듯이 일렁거려서 흙을 제거해야 하는데 마음만큼 쉽지 않았다. 성급하게 하다가 흙에 숨어 있을 금(?)이 물에 쓸려버릴까 조심스러웠다. 아예 물을 버리고 흙을 살펴도 그 속에서 금을 찾기는 쉽지 않았다. 다시 물을 부어 수차 흙을 떠내려 보내고서야 금 조각 4개와 루비, 블루 사파이어 부스러

기를 채취하였다. 아주 작은 시험관에 물을 붓고 그 속에 내가 찾은 보석(?)들을 넣어 사진을 찍으니 제법 그럴듯하였다. 30달러 값어치라던 주인의 과장된 몸짓도 즐거운 여행의 추억이 되었다. 30달러에 되사라고 하면 어땠을까.

또 한 시간 달렸다. 차가 선 곳은 강이 휘돌아나가는 쿠퍼랜딩(Cooper Landing)이었다. 강을 끼고 도는 숲은 침엽수림이 무성하고 호수처럼 잔잔한 강에 비친 산 그림자가 그대로 한 폭의 그림이었다. 이 강도 빙하가 녹은 물이다. 다리 아래로 흐르는 비췻빛 강물이 너무 고와서 사진을 찍는데 *김은 느닷없이 빨간 아이스크림을 사왔다. 야생딸기 아이스

크림은 입보다 눈이 더 좋아했다. 장미 모양으로 담은 모습이 어찌 그리 예쁜지 먹기가 아까웠다. 딸기가 지천인 곳이라 듬뿍 넣었는지 새콤달콤한 맛이 일품이었다. 푸짐한 양에 입이 얼얼하였다.

솔도트나(Soldotna)를 향해 가다가 오른쪽에 강이 있으면 쿠퍼랜딩이고 왼쪽에 강이 보이면 그곳은 러시안 리버(Russian River)였다. 유속은 점점 빨라지고 바다가 가까우니 연어가 올라오는 길목이어서 러시안 리버에는 연어 낚시장이 많았다. 허벅지까지 차오르는 물속에서 연어를 기다리는 모습은 마치 군인들의 사열을 보는 것 같았다. 사진을 찍는 *여사가 한 컷 찍어보고 싶다고 했다. 입장료가 12불이란다. 우리는 낚시하러 온 게 아니니 사진만 잠깐 찍고 나오면 안 되겠냐고 매표소 직원에게 물었다. 그는 잠깐 생각하더니 그러라고 임시허가증을 써주었다. 미국을 여행하면서 느낀 것 중 하나는 그들의 융통성 있는 대처 능력이었다. 그들은 상황에 따라 유연하게 처신하였다. 호머의 호텔에서는 매트리스 커버가 구겨져 있어 지적했더니 죄송하다면서 할인을 해주고, 심지어 지적해주어서 고맙다는 말까지 하였다. 마타카스대빙하 계곡에 들어갈 때는 셔틀버스 이용 시간이 맞지 않아 *여사가 우리를 데려다주고 나오면 어떻겠냐고 사정을 말하니, 안내인은 흔쾌히 20분

거리를 통행료 없이 다녀오라고 하였다. 그 외에도 정말 말만 잘하면 모든 게 가능할 것 같은 융통성이 곳곳에서 느껴져서 그때마다 머리를 끄덕이곤 했다. 매표소 직원이든 호텔 종업원이든 그 자리에 앉은 사람에게 부여된 권한이 엄연히 존재하고 그것을 적절히 잘 활용하는 것 같았다. 일상의 삶에서 규칙이나 법규나 명령만으로 해결되지 않는 일이 얼마나 많은가. 그 둘을 적당히 저울질하는 데는 개인에 대한 존엄성과 사람 사이의 신뢰가 있어야 가능한 일이지 싶어 많이 부러웠다.

솔도트나에서 호머(Homer)까지는 계속 오른쪽으로 바다를 두고 가는 길이다. 그렇다고 길이 죽 바다에 면해 있는 건 아니어서 간간이 샛길을 들어 바다를 보러 갔다. 푸른 물결에 하얗게 부서지는 파도가 너무 힘차서 잿빛이 된 바다가 있었다. 독수리도 만났다. 흰머리독수리 가족이 산다는 또 다른 바닷가에는 여름을 즐기려는 관광객의 등쌀에 오히려 주인이 집을 비우고 없었다.

바다를 이웃에 두고 또 남쪽으로 달렸다. 다른 풍경이 나타났다. 이곳은 북위 55도, 툰드라 지역이다. 키 작은 침엽수림이 펼쳐지고 그 많던 야성의 산들이 하나도 보이지 않았다. 전혀 다른 알래스카의 얼굴이었다. 대평원에 찾아든 평화로움에 나는 슬슬 졸음이 왔다. 그 평온은 땅끝마을로 가는 길 내내 이어졌다.

러시아 정교회는 입구 푯말이 작아서 얼른 눈에 띄지 않았다. 1867년 윌리엄 수어드가 러시아 제국으로부터 알래스카 땅을 1ha에 5센트로 환산하여 720만 달러에 사들이기 전에는 이곳이 러시아 땅이었고 러시아 사람들이 많이 살았다고 한다. 그래서 아직 이곳에는 러시아인들의 언어와 생활상이 그대로 남아 있고 정교회도 모습을 유지하고 있다. 정교회 주위에는 러시아인들의 동네 묘지도 있었다. 민들레가 지천으로 피어 고향을 잃은 이들의 넋을 기리고 있었다.

다시 남쪽으로 가다가 도로에 서 있는 무소를 만났다. 사진작가인 * 여사는 얼른 차에서 내렸다. 도로에 선 무소의 모습은 흔하지 않단다. 길 건너편에 새끼 무소가 있었다. 우리 차가 도로 한가운데 서자, 무소는 빨리 지나가라고 경고를 보냈다. 내 귀에는 "으음-으음—"으로만 들리지만, 그는 길 건너 풀숲에 있는 새끼 때문에 얼마나 절박한 심정이었을까. *여사는 무소를 한 컷이라도 더 찍으려 했지만 *김은 빨리 차를 타라고 다급하게 불렀다. 지체되면 무소가 차를 그대로 들이받아버린다고 하였다. 새끼를 향한 모성과 본능의 위대함은 알래스카 여행 곳곳에서 느낄 수 있었다. 앵커리지로 돌아오는 길의 산 절벽에서 산양

가족을 보았다. 낭떠러지 같은 곳에 엄마 산양과 새끼 산양이 풀을 뜯고 있고 뿔 달린 아빠 산양은 그 주위에서 망을 보고 있었다. 하늘에 독수리가 날고 있기 때문이었다. 자식에 대한 헌신, 참 따뜻한 전경은 인간 세상과 다름없이 아름다웠다.

스위스 마테호른에서 본 장면이 떠올랐다. 사실 마테호른은 관광하기 쉬운 곳이 아니었다. 산악지대가 얼마나 구불구불한 급경사인지 괜히 가자고 했다는 후회가 수없이 밀려왔다. 정작 마테호른 산 전망대에 오르는 방법도 미니 기차를 타고 케이블카를 타며 또 다른 케이블카를 갈아타야 겨우 도달할 수 있었다. 전망대에서는 구름에 쌓인 산 때문에 다섯 시간이나 가슴을 졸이다가 겨우 1분, 마테호른의 전신을 보고 얼마나 감격했는지 모른다. 두 번째 케이블카를 타고 내려오는 길이었다. 옆에 서 있는 일본인 할머니에게 자리를 권했다. 그녀는 극구 사양을 하였다. 70은 훨씬 넘어 보이는 자그마한 일본 할머니는 자리에 앉은 아들 때문에 자신마저 자리를 차지할 수 없다는 표정이었다. 어머니가 서 있는데 아들은 앉아 있는 게 의아해서 유심히 바라보았다. 그는 검은 선글라스를 낀 장님이었다. 앞 못 보는 아들에게 마테호른을 보여주려고 그 멀리까지 온 어머니의 사랑. 코끝이 시큰하였다.

LEGION CEMETERY
RUSSIAN CEMETERY
RICHARD HOSTETTER
CLOUIS KINGSLEY
ROYCE THOMPSON
EDWARD LIEBENTHAL
JAMES MACSWAIN
JACK JOHANSEN
EDGAR A. DAVIS JR
LEO D STEIK
DAVID F COOPER

드디어 앵커리지를 출발한 지 8시간 만에 땅끝마을에 도착했다. 땅끝에 이어진 첫 바다에는 한가운데로 길고 넓은 방파제를 쌓아 놓았다. 방파제는 얼마나 넓은지 아예 상가를 이루고 있는 작은 마을이었다. 바다마을인 그곳에는 넓디넓은 주차장이 있고, 크고 작은 배들이 정박한 선착장은 물론 수상 헬리콥터 계류장도 있었다. 건물들이 아기자기하게 특색을 나타내고 있었는데 단연 인기 만점은 등대 카페였다. 카페 문을 열고 들어가니 야트막한 실내에는 불빛이 휘황찬란하고 남녀들이 모여서 술잔을 기울이고 있었다. 얼핏 보기에 퇴폐적으로 느껴져서 나는 얼른 문을 닫고 그곳을 나오고 말았다. 주차를 하고 뒤늦게 도착한 *김과 *여사를 기다렸다가 다시 실내로 들어갔다. 그곳에는 세계 각지에서 온 관광객들이 방문 기념으로 붙여둔 지폐가 실내에 가득했고 심지어 천장과 기둥마저 둘둘 감고 있었다. 어쩐지 천장이 낮다 했더니 그마저도 유용하였다. 1불짜리 지폐라 해도 이중삼중으로 겹겹이 붙어있으니 이게 다 얼마냐. 우리도 천 원짜리 퇴계 이황 선생 지폐를 꺼내 이름을 써서 붙였다. '*김 *여사 조** 이해숙.' 자신의 발자취를 남기고 싶은 인간의 심리를 이용한 상술인지 아니면 땅끝마을의 등대 카페를 방문한 것이 감개무량한 관광객의 우연한 발상이었는지 알 수 없지만, 이곳은 호머의 명소로 자리하였다. 서너 평 남짓의 좁고 낮은 카페에

서 우리가 맥주를 마시고 화폐를 붙이는 동안에도 사람들이 계속 드나들었다. 모두 화폐를 붙이느라 분주하고 마냥 신나는 표정들이었다. 이 역시 스토리를 만드는 관광문화라 해도 내게 즐거움을 선사했다.

### 2017년 6월 15일

쿠퍼랜딩강의 굽이쳐 흐르는 경치를 보러 프린세스 리조트 옆의 숲속으로 들어갔다. 길은 마치 카펫 위를 걷는 듯 폭신폭신하였다. 수많은 나무와 잎들이 온갖 세월을 다 견뎌내고 썩어서 이제 제 난 곳으로 돌아가는 중인 모양이다. 숲은 하늘이 잘 안 보일 정도로 무성하게 우거졌다. 하얀 줄기의 자작나무가 지천으로 서 있고 올려다본 가지 끝에는 차가버섯도 자리하고 있었다. 알래스카의 자작나무는 아직 봄날이었다. 어리고 작은 이파리들이 실바람에 팔랑팔랑 앙증맞게 흔들거렸다. 반지르르하게 윤기가 흘렀다. 하얀 나뭇가지도 잘 보여 가문비나무의 짙은 녹색과 묘한 대조를 이루었다. 발을 휘감는 풀들은 잦은 비로 통통하게 자라서 땅을 덮고 있었다. 숲 뒤에는 높은 산들이 버티고 있고 그 위에는 눈이 있어 어디를 보아도 한데 어우러진 전경이 감탄을 자아냈다. 겨울과 봄과 여름이 한 사진에 담기니 어떻게 눈으로만 볼 수 있

겠는가. 천천히 심호흡을 했다. 신성한 숲의 정기가 그대로 내 몸을 뚫고 들어왔다. 맑아져라, 깨끗해져라, 다 비워라. 한 시간이나 숲 기운을 마시고 나니 내 마음도 푸르러졌다.

스워드(Seward)와 솔도트나에서 온 길이 각각 앵커리지로 가는 길과 만나는 곳에 거대한 늪지대가 있다. 그중에 물이 많은 연못에는 연잎이 오밀조밀하게 물 위로 고개를 내밀고 있다. 그 전경이 아름다워 발길이 떨어지지 않았다. 아직 이곳은 봄날이라 자잘하지만 한 달쯤 지나면 쟁반 같은 잎사귀에 연꽃을 피우며 장관을 연출할 것이다. 하얀 연꽃이 가득한 거대한 연못, 상상만으로도 황홀하였다.

## 2017년 6월 16일

"빠지직! 빠지직!"

걸음을 옮길 때마다 빙하의 속삭임이 들려온다. 마타누스카(Matanuska) 빙하를 보러 가는 길은 발밑이 꿈틀거린다. 빙하가 녹은 물이 그 안에 있던 화산재와 엉겨, 땅은 잿빛인데 미처 흐르지 못한 수분으로 질척이고 쿨렁거리는 것이다. 원시의 모습을 그대로 간직한 빙하는 유빙과 크레바스와 동굴이 있어 상당히 위험하다. 표면이 미끄러워 얼음 아이젠을 차고 조심스레 건너야 하고 만일의 경우를 대비하여 곡괭이를 준비하고 들어가야 하는데, 우리는 빙하 너덜지대 입구만 다녀오겠다고 약속하였다. 만일의 경우 책임을 묻지 않는다는 서명까지 한 후에 맨몸으로 걸어 들어갔다. 나와 조 여사는 오랫동안 등산한 실력을 믿고 *김은 여러 번 다녀간 경험을 바탕으로 빙하 너덜지대로 향했다. 잿빛 흙이 묻은 신발로 빙하를 디뎠다. 마치 흰 도화지에 먹칠을 하는 것 같았다. 빙하 위를 걷는 것도 미안한데 지저분한 신발 자국까지 남기니 빨리빨리 발을 뗄 수밖에 없었다. 빙하를 만져보고 물기를 입에 대 보았다. 깨어진 빙하 덩어리를 뺨에 대보다가 아예 핥아보았다. 냉기와 함께 순수함에 가슴이 찌르르하였다. 세상 첫맛이지 않은가. 빙하는 언덕이다가 산이다가 절벽이다가 낭떠러지였다. 낭떠러지 아래 분화구처럼 넓은 빙하지대에는 카메라가 여러 대 설치되어 있고 촬영을 하고 있었다. 드론도 움직였다. 장비 없이는 더 갈 수 없었다. 눈길만 멀리 보내고 돌아섰다. 마타누스카는 빙하 길이가 30km에 폭이 3km이다. 산허리를 하나 돌아도 빙하는 여전히 펼쳐져 있었다. 우리를 데려다준 * 여사가 다시 데리러 올 때까지 20분 정도 시간이 있어 입구의 벤치에 앉았다. 멀리 보이는 얼어붙은 하얀 시간, 눈앞에 보이는 전경이 정녕 현실인가 싶었다. 수천 년 세월 동안 꽁꽁 언 바람이 가슴을 서늘하게 훑고 지나갔다. "휘히이-" 광활한 천지 비경에 넋 놓고 앉은 나에게 찾아온 선물은 바람 소리였다. 알래스카에서 들은 가장 달콤한 소리였다. 저녁에 밥을 하다가 나는 깜짝 놀라고 말았다. 나는 가끔 쌀을 씻다가 생쌀 몇 알씩 입에 털어 넣는데, 무심코 한 내 습관에서 위대한 발견을 한 것이다. "빠지직! 빠지직!" 바로 빙하 위를 걸을 때 들었던 소리였다. 얼마나 반갑던지 또 먹어보아도 역시 그 소리였다. 기뻤다. 나는 이제 수시로 거대한 빙하 평원을 불러올 수 있는 마법을 손에 쥔 것이다.

앵커리지에서 마타누스카 빙하를 거쳐 발데즈까지 중간에 살짝살짝 샛길로 접어든 것까지 합하면 족히 500km나 되는 길이 얼마나 다양한

그림을 보여주는지 내내 감탄의 연속이었다. 초록이 있으면 눈이 없어야 하고 온통 푸른 대지(大地)면 산도 푸르러야 하는데 그 산이 하얀 눈을 소복이 이고 어깨를 맞대고 있으니 장관(壯觀)에 기가 찰 수밖에 없었다. 게다가 아무것도 살지 않는 붉은 산이 햄버거의 고기 패티처럼 그들 가운데 들어가 있으니 입을 다물 수가 없었다. 어디서나 나타나던 하얀 대머리 설산에 해가 비치면 그곳은 피안의 세계인 듯 신비스러워 또 차를 세우고 사진을 찍었다. 그래도 내 재주로는 내가 느끼는 신

비로움의 백 분의 일도 담아내지 못하여 안타깝다. 안타까워 가슴 아픈 증세 또 하나 추가하여 서울 가면 병원에 가야겠다. 기가 막히고 말이 안 나오며 가슴이 터질 듯한 증세를 어찌해야 하느냐고. 발데즈 가는 길을 '작은 스위스'라고 하는 이유를 알 것 같았다.

VALDEZ HARBOR

## 2017년 6월 17일

발데즈를 출발한 것은 아침 10시였다. 차마 그냥 떠나기 아쉬워 항구에 들렀다. 연어가 올라오기까지는 아직 일주일 정도 기다려야 해서인지 거리는 한산하기 짝이 없었다. 길거리에 다니는 차보다 정박한 배들의 숫자가 훨씬 많아 보였다. 발데즈 바닷가를 거닐며 조개를 찾았는데 하나도 안 보였다. 1989년, 엑슨 발데즈 기름 유출 사고로 해안은 거의 황폐하였다. 기름을 가득 뒤집어쓰고 새들과 조개류들이 죽자, 자연히 사람들이 바다를 떠나 인구가 3분의 2로 줄어들었다고 한다. 기름띠의 확산을 막느라고 뿌린 유화제는 바다마저 오염시키고 생물을 폐사시킨 것이다. 다시 바다를 살리는 데는 수십 년이 걸린다니 한순간의 실수로 얼마나 많은 희생을 치르는지, 인간의 실수를 왜 자연이 감내해야 하는지, 발데즈 바다를 가슴 아프게 바라볼 뿐이다. 쇠락해가는 도시에 내리쬐는 햇빛이 짱짱하여 더 가슴 아팠다.

우리나라도 2007년 태안에서 기름 유출 사고를 겪었다. 전국 각지에서 수많은 사람이 태안으로 달려갔다. 나도 120만 자원봉사자 중의 한 사람으로 모항에서 부직포로 조약돌 사이사이에 묻은 기름을 걷어냈다. 바위 사이에 끼인 기름을 닦으면 어느새 파도에 밀려온 기름이 다시 바위에 덕지덕지 붙었다. 닦고 또 닦고 종일 허리 한 번 못 펴고 일했다. 해변의 모래알 몇 개도 못 닦은 듯했으나, 그래도 하얀 비닐 방수복의 인간 띠 덕분인지 불임의 바다 태안은 이미 오래전에 제 모습을 찾았다. 태안 꽃게가 유명하고 태안 갯벌 체험과 태안 튤립 축제도 성황이며 자원봉사자에 대한 보은으로 태안 솔향기 길 5코스 50여km가 조성되었다.

랭글국립공원(Wrangell St.Elias National Park)을 지나다가 점심상을 차렸다. 산과 나무와 호수와 하늘이 어우러진 경치를 도저히 그냥 사진만 찍고 떠날 수 없어서였다. 너무나 멋진 경치여서 아예 자리를 폈다. 김치를 곁들인 삼겹살 파티였다. 미국에서는 냄새 때문에 김치를 아무 데서나 먹을 수 없었기에 이렇게 사방이 툭 터진 곳에서 마음 놓고 먹은 것이다. 흰쌀밥과 고기와 김치, 소박하기 짝이 없지만 알래스카 여행 중에 가장 맛나게 먹은 점심 중의 하나였다.

페어뱅크스(Fairbanks)로 향하여 북으로 올라가는 길에는 송유관 파이프가 길게 뻗어 있었다. 북극의 프리드만 유전에서 출발하여 발데즈항까지 1,300km나 이어진단다. 차로 운반하기에는 너무 멀어 송유관을

깔았지만 파이프의 용량이 우람한 겉보기와는 달리 그리 많지 않다고 했다. 파이프 안에 냉각 기능과 아래로 밀어내는 기능을 넣고 또 파이프에 기름때가 끼이지 않는 작용까지 적용하기 때문이란다. 그래서인지 기름을 실은 탱크 유조차가 수시로 도로를 무섭게 달렸다. 우리 차도 작은 편은 아닌데 유조차가 지나가면 휘청거리곤 했다. 그 많은 기름을 외국으로 수출하기 위해 본토로 보내는 줄 알았더니 알래스카에는 아예 정유 시설이 없다고 한다. 원유를 본토로 수송하여 정제한 후에 다시 들여온다는데 막대한 운송비를 지출하고 대신 푸른 하늘과 맑은 공기로 보상받고 있었다. 자연을 잘 보존하려는 정책은 며칠 전 다녀온 캐나다도 마찬가지였다. 그곳 원유는 정제 기술이 우수한 우리나

라에서도 정제되며 대신 금수강산을 자랑하던 우리는 매일 미세먼지를 체크 해야 하는 나라로 변해버렸다. 푸른 하늘을 잃어버린 대가는 도대체 얼마일까. 돈으로 살 수 없는 자연의 가치를 아는 그들의 혜안이 부러웠다.

송유관에 관한 *김의 설명이 이어졌다. 50년 전 그 공사에 투입된 인부들에게 두둑한 임금과 영주권과 많은 특혜가 주어졌다고 했다. 그때는 우리나라 건설 역군들이 사우디아라비아로 진출하여 한창 외화벌이에 고생하던 때였다. 추위와 더위의 차이일 뿐, 물설고 낯선 이국에서 고생하기는 마찬가지였을 것이다. 이때 이곳으로 왔더라면 좀 더 나은

ALASKA
SIBERIA
WWII
The structure of world peace cannot be the work of one man, or one party, or one nation...It must be a peace which rests on the cooperative effort of the whole world.
Franklin Delano Roosevelt, March 1, 1945
Address to Congress on the Yalta Conference

MUSEUM NORTH

삶을 보장받았을 거라고 *김은 안타까워하였다. 그랬더라면…. 이랬더라면…. 후회는 언제 해도 늦다.

휴게소에서 잠시 쉬었다. 마을 사람들이 둘러앉아 게임을 하고 아이들이 즐겁게 뛰놀고 있었다. 가볍게 차를 마시고 식사를 하는 사람들도 많았다. 페어뱅크스까지 가는 길에는 편의점이 거의 없어서 이곳을 지나는 많은 차들이 거의 다 멈춰서 기름을 넣고 볼일을 보며 음료수를 산다고 해도 과언이 아닐 정도였다. 우리도 내려서 몸을 풀고 아이스크림을 하나씩 먹었다. 먼 산에 쌓인 눈은 여전하지만, 풀들과 나무들은 남쪽의 그것과는 사뭇 달랐다. 작고 건조하였고 들꽃의 키도 작았다. 엄청난 바람과 추위를 견디기 위한 식물들의 지혜다. 점점 북쪽으로 올라가는 것을 창밖으로 실감하였다.

2017년 6월 18일

드디어 알래스카 제2의 도시 페어뱅크스(Fairbanks)의 아침이 밝았다. 페어뱅크스는 알래스카 지형 전체로 보면 중부 내륙이지만 북쪽으로 도시가 거의 없어 일반 관광객에게는 제일 북쪽이나 마찬가지인 지점이다. 1900년대에 인근에서 금광이 발견되어 금을 찾는 사람들의 골드 러쉬로 일찍부터 도시가 형성된 알래스카 제2의 도시이다.

시내 구경은 공원에서 시작되었다. 뼛조각을 주렁주렁 매달아 세워 놓은 공원 관문이 색다르고 제2차 세계대전에 참전한 기념비가 있었다. 인포메이션 센터에서 원주민의 생활상을 전시물과 비디오로 감상했다. 공원 곳곳에서 실제 그들의 모습을 보았다. 1982년부터 연금을 2,000 달러씩 받지만 별로 넉넉하게 생활하는 것 같지 않았다. 대부분 담배를 물고 있으며 추레한 행색이어서 어두운 분위기가 느껴졌다. 무진장의 삼림과 수산 자원, 석유 매장량과 금광 천연가스 등의 엄청난 자원을 가진 부자 땅의 원래 주인의 모습은 아니었다. 정부서 많은 지원을 하고 대우를 잘해준다는데, 원주민이라고 사진 한 컷 찍기가 주저되었다. 나무 뒤에서 줌으로 당겨 겨우 두어 컷 확보했다.

알래스카 페어뱅크스대학 안에 있는 박물관에 들렀다. 빌 게이츠가 건립한 박물관이다. 부호의 자금으로 과감하게 투자한 덕분인지 하얀 현대식 박물관에는 자료가 엄청 많았다. 규모나 내용이 굉장하고 알차서 페어뱅크스의 볼거리로 꼭 추천하고 있었다. 그 밖에도 페어뱅크스에는 초창기 개척 시대의 금광을 배를 타고 방문하고, 체나 온천에서

노천 온천을 즐기며, 노스폴이라는 산타클로스 가게에서 기념품을 사는 일도 여행 코스에 들어갈 정도로 유명하였다. 나는 다 생략하고 시내 구경만 하고 쉬었다. 여름 온천의 매력보다는 왕복 두 시간의 드라이브가 부담스러웠고 우리 몇 사람 타자고 큰 배를 움직이는 것도 사치라 여겨졌으며 산타 기념물을 사기에는 우리는 너무 어른이었다. 그걸 다 포기할 수 있었던 것은 '달밤의 마라톤'이 기다리고 있기 때문이었는지도 모른다. 알래스카에서 가장 기억에 남는 것 다섯 중의 하나는 달밤의 마라톤이었다.

우리가 갔을 때는 백야가 한창이었다. 페어뱅크스는 북위 64.5도로, 일몰이 12시가 넘고 여명에 이어 3시면 다시 해가 떠오르니 그야말로 하얗게 밝은 밤 '백야'이다. 하루 12시간씩 돌아다녀도 해가 지지 않아 여행하기 좋았다. 그들도 백야를 즐기는 행사를 여럿 마련하였다.

축제의 하나로 '10km 백야 마라톤대회'가 해마다 열리는데, 내가 도착한 다음 날 밤 10시였다. 이게 웬 횡재냐고 일찌감치 관광을 마치고 살포시 저녁잠도 한숨 자고 9시 반에 출발점인 페어뱅크스대학 입구로 갔다. '오메나 세상에!' 온종일 시내를 다니면서 사람이 별로 안 보여서 한적한 도시라고 생각했는데 다들 어디에 숨었다가 나왔는지 그야말로 인산인해였다. 더구나 1년에 한 번 하는 마라톤 축제답게 온갖 복장

524

Goldstream Sports
Goldstream Running
FINISH
Goldstream Sports

을 한 사람들의 기발한 아이디어로 마라톤 출발점에는 웃음과 에너지가 넘쳐흘렀다. 나는 만화 캐릭터와 영화 주인공 같은 옷차림과 가면들을 찍느라 출발 지점을 못 찾고 돌아다녔다. 출발 총소리가 나고 나는 선발대 선수들을 피해서 인도(人道)에서 같이 뛰었다. 초반부터 오르막인데 뜀박질까지 하니 심장이 터질 것 같았다. 달밤에 마라톤을 하다가 죽으면 불쌍하다고 동정도 못 받을 텐데 어쩌나. 오르막을 넘어서자 가슴이 진정되어 다시 달리기 시작했다. 그러다 숨이 차면 걷고 또 뛰었다. 길가에 응원 나온 주민들과 눈인사를 하고 극성스러운 관람객하고는 하이 파이브도 하였다. 종이컵에 든 물을 뛰면서 받아 마시고 컵을 바닥에 던지는 마라톤 선수들 흉내를 내고, 드럼 소리 요란하게 격려하는 사람들 앞에서는 춤을 추면서 폴짝거렸다. 얼굴이 홍당무가 되었다. 그래도 여행 중인 것과 내 나이를 생각하여 6km 지점에서 우리를 마중 나온 *김의 차를 타고 결승점으로 갔다. 이미 선발대 선수들이 들어와 있었다. 골인 지점으로 들어가서 기념사진을 찍고 주최 측이 준비한 수박과 주스도 마셨다. 호텔로 돌아오는 길에는 아직도 많은 사람이 걷고 뛰며 백야 마라톤을 즐기고 있었다. 그들도 나도 한여름 밤의 축제가 마냥 행복했다.

## 2017년 6월 19일

일요일에는 페어뱅크스 '백야 거리 축제'가 열렸다. 어젯밤의 마라톤에 이어 거리 축제도 볼 만하였다. 이렇게 절묘한 타이밍이라니. 시내의 중심가에 차량을 통제하고 천막이 들어섰다. 앵커리지에서 보았던 주말 벼룩시장을 열 배쯤 키워놓은 규모라고나 할까. 온갖 가게들이 집에서 만들거나 가지고 나온 물건들로 손님맞이에 분주하고, 심지어는 집에서 기르는 말과 양을 몰고 와서 매어 놓은 가게도 있었다. 그리고 세계 각국의 음식이 가게마다 넘쳐났다.

김치 불고기도 있었다. 당연히 손이 갔다. 알래스카에는 교민이 7,000명이 넘어서 어딜 가나 한국 사람의 체취를 느낄 수 있었다. 앵커리지에서 한국 음식만 파는 마트를 운영하는 분이나 호머에서 식당과 게스트하우스를 하던 분이나 발데즈에서 호텔을 경영하시던 분이나, 내가 만난 분들은 모두 40~50대의 한국 사람이었다. 이제 세계 어디를 가나 한국 사람들을 만날 수 있다. 게다가 인터넷으로 서로 소통이 가능하여, 그들의 도움으로 편하고 즐거운 여행을 할 수 있다. 유럽이나 아시아 등을 다녀온 지난 몇 번의 자유여행 때도 모두 현지에 사는 한국 가이드와 함께 별 불편함 없이 많은 것을 보고 느낄 수 있었다. 현지 언어는 물론 현지 사정이 완전 깜깜한 이 할머니도 친구랑 둘이서 20~30 개국을 자유여행하고 있는 세상이 된 것이다. 한국 음식이 먹고 싶으면 한인 민박을 찾으면 맛있게 먹을 수 있고 거기에 묵는 한국 여행객들과 같이 다니면 편하게 관광할 수 있었다. 대학생이나 직장인이 제 엄마 연배의 나를 극진히 대해주어 나는 맛있는 식당에 가서 고마움을 표시하곤 했다. 유명 관광지는 물론이고 공항이나 기차역이나 어딜 가도 한국 사람 한둘은 만날 수 있고, 필요하면 언제든 도움을 받을 수 있었다. 그게 국력이다. 특히 우리나라 여권은 웬만한 나라에서 다 통과되어 소매치기의 표적이 되니까 조심하라는 말을 수없이 들었다.

12시에는 어제 출발하여 캐나다를 다녀오는 소형보트의 '1,280km 유콘 마라톤대회' 결승점으로 갔다. 피오니어 공원에는 골인 지점을 통과하는 배들을 보기 위하여 이미 사람들로 발 디딜 틈 없이 북적였다. 얼른 전망대로 올라갔다. 그들을 기다리면서 커피 한잔을 마셨다. 햇살이 카랑카랑하였다. 건너편에서 인디언 할머니가 보라색 옷을 입고 만면에 미소를 지으며 나를 쳐다보았다. 나도 웃으며 둘이 사진을 찍었다. 내가 본 가장 멋쟁이 인디언이었다. 그녀의 당당하고 넉넉한 미소에 기분이 흐뭇했다.

ALASKA
RESPECT

A - F Buildings
K - H Buildings
Luggage Check

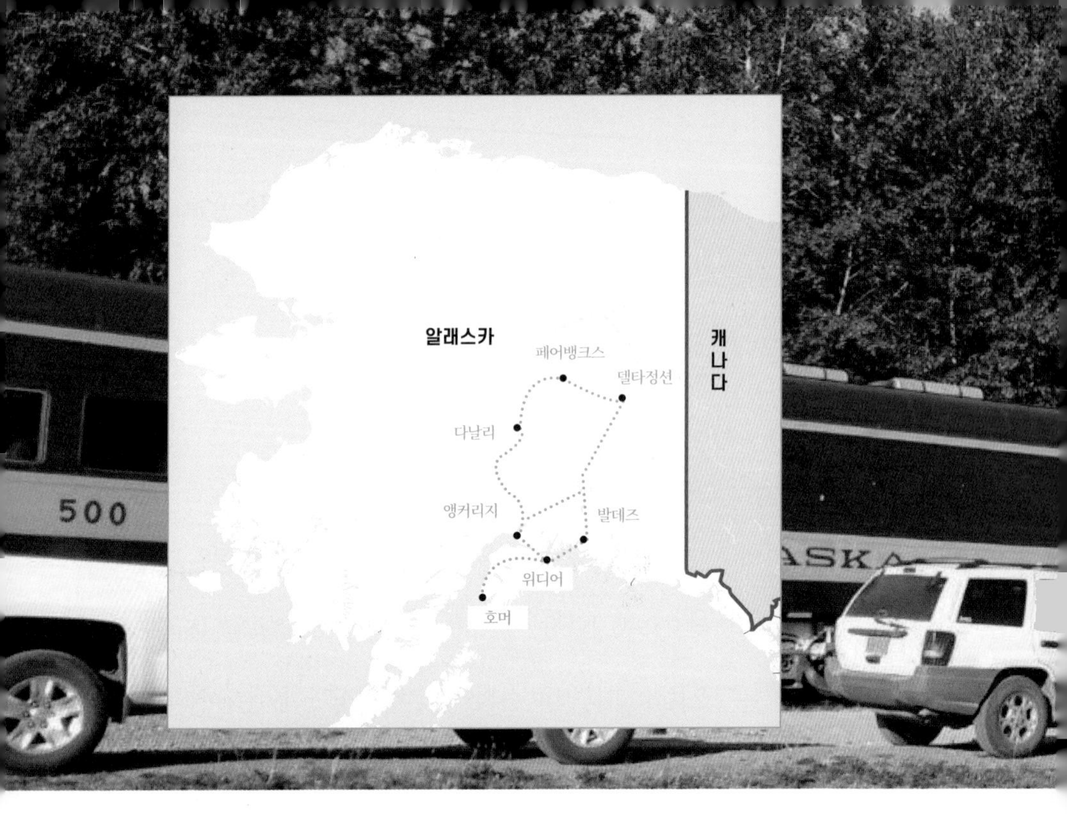


갑자기 굉음을 내면서 보트가 쏜살같이 결승선으로 들어왔다. 총소리로 도착을 알리고 부녀 한 팀이 배에서 내렸다. 열여덟 정도의 앳된 처녀가 쾌속으로 밤새 좁은 강을 누비고 다녔단 말이지. 마음껏 축하해 주었다. 같이 사진도 찍었다. 그리고 나도 2박 3일 동안 페어뱅크스에서의 짧은 축제를 마무리했다.

오늘은 앵커리지로 돌아간다. 곧장 가면 6시간이 소요된다고 하지만 가는 길에 볼거리가 많아 12시간은 길에서 보낼 것 같았다. 더구나 '1,280km 유콘 보트 레이싱 대회' 구경 때문에 낮 1시에나 출발하였으

니 아마도 밤 12시 전에 도착이나 할는지 모르겠다. 페어뱅크스에서 앵커리지로 돌아갈 때는 올 때와 반대로 남쪽으로 계속 내려갔다. 결국 알래스카 가운데를 한 바퀴 다 도는 셈이다. 길 오른쪽으로 디날리주립공원(Denali State Park)이 이어지고 있었다. 디날리와 탈킷트나(Talkeetna) 마을을 지나쳤는데 디날리는 도시 여성처럼 세련되고 탈킷트나는 마치 시골 처녀와 같이 소박해 보였다. 디날리 리조트에서 커피를 한잔 마셨다. 호텔과 롯지와 모든 거리의 가게들이 통일감 있고 고급스러웠다. 울창한 숲 깊숙이 현지 투어버스를 타고 들어가서 동물들을 만나는 디날리주립공원 투어 프로그램이 8시간짜리와 6시간짜리 등으로 다양한데 나는 알래스카 전역을 오가며 동물들을 많이 보았기에 생략하기로 했다.

탈킷트나는 아담한 시골 마을의 정취가 그대로 살아 있었다. 주로 디날리산(멕켄리산에서 개명) 헬기 투어를 하는 사람들이 많이 이용하는데 우리가 도착했을 때는 이미 7시가 훌쩍 넘어 영업이 끝나 있었다. 시골 간이역 같이 소박하고 휑한 기차역에 운행이 끝난 노란 기차가 서 있었고, 철길 가에 핀 이름 모를 야생화가 눈길을 끌었다. 야생화처럼 태극기가 바람에 살짝 펄럭였다. 그 옆에 고상돈의 묘비가 초라하게 놓여 있었다.

'젊은 넋이여 겨레의 기상을 싣고 흰 상상봉에 늘 머물러라'

– 한국 산악회

"여기는 정상, 정상! 더 이상 오를 곳이 없습니다." 그가 히말라야를 정복하고 포효하던 무전기 소리가 기억에 아슴푸레하였다. 고(故)고상돈 님은 1977년 우리나라 최초로 히말라야에 오르고, 1978년 5월 29일 미대륙 최고봉인 6,194m의 멕켄리 산 등정에 성공한 후 하산하다가 동료 대원 이일교 님과 함께 추락하여 사망하였다. 우연히 길에서 만난 태

극기는 내 마음을 한없이 아프게 했다. 마지막으로 정복한 산을 바라보지만 왜 이 후미진 길가에 외롭게 있어야 할까. 고상돈의 유해는 제주도 1,100m 고지에 있다는 가이드의 말을 듣고 나서야 발걸음을 옮겼다.

속이 불편하여 일행이 저녁을 먹는 동안 혼자 마을을 어슬렁거렸다. 좋았다. 동네 사람들을 구경하고 나를 힐끔거리는 사람들에게 구경거리도 되어주었다. 혼자서 누리는 한가로움이 얼마 만인가. 근 4,000km의 장거리를 일주일에 움직이며 정신없이 보낸 시간이었는데 이제 종착점인 앵커리지를 두어 시간 앞두고 비로소 여유가 생긴 것이다. 아주 작은 카페가 보이고 유명한 빵집도 보였는데 역시 문을 닫은 후였다. 시골 마을에서 그만한 명성을 얻으려면 얼마나 빵 맛이 좋은지 먹어보고 싶었는데 아쉬웠다. 어느새 강가에 이르렀다. 강변의 호젓한 분위기를 누리려고 다가가던 나는 흠칫 놀라 뒤로 물러서고 말았다. 물살이 나를 덮칠 듯 과격하게, 무섭고 맹렬하게 흘러가고 있었다. 그 물살은 자작나무를 넘어뜨리고 강변을 훑고 있었다. 내 호들갑에 반신반의하던 *김도 이렇게 센 물살은 처음이라며 지구온난화로 빙하가 너무 빨리 녹는다고 걱정하였다. 지구 곳곳의 기상 이변이 어제오늘의 일은 아니지만 나를 덮칠 듯 거침없던 물살을 떠올리면 인류에 대한 자연의 보복이 두렵지 않을 수 없다.

## 2017년 6월 20일

눈을 뜨니 앵커리지의 넓은 호텔이었다. 마치 집에 돌아온 듯 푸근하였다. 지난 3박에 얼굴을 익혔던 한국인 식당 매니저와 반갑게 인사를 나누고 일과 후인 저녁에 만나자고 약속하였다. 고향 사람이라 왠지 여동생처럼 친근하게 느껴졌다. 지난 보름간의 강행군으로 몸도 마음도 지쳤기에 오늘 하루는 쉬고 싶었다. 그런데 마음과는 달리 여러 사람과 어울려 먹고 마시고 노느라 하루가 짧았다. 고향 여동생 같은 매니저 내외분과 다시 만나서 반갑다는 호텔 사장님과 계획 과정에서 캠핑카를 안내해주던 분과 다 같이 저녁 시간을 함께했다. 훗날 웃으며 추억할 멋진 시간일 것이다. 그래도 쇼핑하고 앵커리지 뮤지엄에 들르고 조 여사의 털모자를 샀으며 맛있는 저녁을 대접했고 바다를 배경으로 밤 11시에 일몰 사진까지 찍었다.

### 2017년 6월 21일

아침에 일어나니 비가 내리고 있었다. 여행 십육 일 차에 처음 비를 맞았다. 그동안 간간이 비가 내렸지만, 차에서 내릴 때쯤이면 비가 멎어서 관광에 지장을 받지는 않았다. 오늘은 하늘이 암울하였다. 맑다가 흐리다가 다 그런 거지 뭐. 이만해도 얼마나 다행인지 모른다.

이른 점심은 일식이었다. 참치의 치명적인 빨간 부위와 하얀 참치 그리고 주황색 연어 뱃살은 입에서 살살 녹아, 맛을 음미할 겨를이 없었다. 연어의 본고장에서 신선 그 자체를 흡입하느라 알록달록한 식탁 사진 한 장을 남기지 못하고 접시는 바닥을 드러내었다. 맛에 매료되어 넋이 나가버린 것이었다. 역시 호텔 사장님이 베푼 만찬이었다. 그는 우리뿐 아니라 호텔에 오는 동포들에게 무한 선심을 베풀었다. 언젠가 호텔에서 한국 문인들의 세미나를 개최했을 때는 경비를 반값으로 후원해주고 파티도 열어주었다. 호텔을 이용하지 않는 지역 교민들과의

교류도 빈번하여 한인교회는 물론 친선 모임에 참석하고 한인사회 발전을 위한 후원 활동에 열성적이었다. 타국에서 우리 동포끼리 서로 보듬으며 사는 모습에 가슴이 뭉클하였다. 늘 건강하고 행복하며 사업이 날로 번창하기를 기원했다.

그는 알래스카까지 자유여행을 온 용감한 할머니들이 좋게 보였는지 내친김에 플랫 탑 마운틴(flat top mountain)으로 안내했다.

어느새 비가 그쳤다. 플랫 탑 마운틴은 산봉우리가 테이블처럼 평평하여 붙여진 이름이다. 그렇지만 산은 산이어서 산허리를 오르는 길은 여느 산처럼 경사가 만만치 않았다. 한참 숨을 헐떡이고 올라갔더니 초등학교 저학년 아이들이 재잘거리며 걸어가고 있었다. 학교 야외수업인가 보다. 우리끼리 하는 말을 듣고 예쁜 여자아이가 내 옆으로 오더니 자기도 한국말을 할 줄 안다고 하였다. 엄마가 한국 사람이란다. 반가워서 끌어안고 사진을 찍었다. 동서양의 오묘한 매력을 갖춘 얼굴이었다. 예뻤다. 건강하고 행복하게 잘 자라기를 마음으로 빌었다.

4km 남짓한 산길을 걷는데 콧노래가 절로 나왔다. 나는 기분이 좋으면 나도 모르게 콧노래를 흥얼거리는 버릇이 있다. 내 콧노래가 들리면 내가 아주 행복한 상태구나 하고 짐작한다. 어떨 때는 그게 언제였는지 기억이 안 나서 '어떤 상황에서도 나는 행복해야 한다'는 내 생활신조

를 상기시킨다. 복잡한 생각은 빨리 털어내고 기쁨과 감사의 마음을 가지려고 노력한다. 마음먹기 따라 별일도 별일이 아니지 않은가. 아무튼 트레킹 내내 조 여사는 곡조와 가사가 엉터리인 노래를 들어야 했다. 알래스카 여행이 내일로 끝나니까 홀가분한 기분에 노래가 더 길었을 것이다.

산언덕에 서니 앵커리지 시내가 다 보였다. 서쪽으로 오목한 턴어게인(Turnagain) 만이 멋지게 자리하고, 동쪽으로 트레킹 하기 좋게 길이 나 있었다. 헬리콥터가 앉을 수 있는 축구장 넓이의 평평한 산 정상까지 갈까 하다가 우리는 산 중턱에서 나무 울타리를 따라 걸었다. 그것으로 충분했다. 알래스카 4,000km를 끝내지 않았는가. 알래스카에서는 뜻밖의 호의를 많이 받아서 아마 오래도록 그들의 따뜻함을 잊을 수 없을 것 같다. 모두에게 건강과 행운이 함께 하기를 두 손 모아 빌었다.

**해처패스**(Hatcher Pass)

오후 2시 호텔로 온 *김을 따라 해처패스로 향했다. 해처패스는 금광이 있던 곳이었으나 지금은 폐광이 되어 구불구불하게 험한 길 패스(Pass)를 관광객들만 이용하고 있다. 알래스카의 마지막 일정이었다. 오늘처럼 비가 오락가락하고 바람이 산들거리면 산허리를 감은 구름 놀이에 전경은 더 운치가 있을 거라더니, 역시 그랬다. 바람에 쫓기는 구름과 안개가 서로 엉기어 산은 제 모습을 보이다가 숨기를 반복하였다. 밤새 내린 비로 개천은 요란하게 흐르고 무심코 찍은 사진에 자동차 한 대가 다리를 건너가고 있어 물과 함께 생동감이 넘쳤다. 저 푸른 초원에 그림 같은 집이 있으면 마음이 따듯해지듯이, 동물이나 자동차가 들어가면 사진은 친근하게 느껴졌다. 내 모습이 찍혀 있으면 더욱 좋았다. 환하게 웃는 사진을 보면 행복했던 순간이 떠올라 나도 모르게 미소가 지어진다. 순간을 영원히 살아 있게 하는 마법이 바로 사진이 아닌가. 그래서 선글라스와 모자로 얼굴을 반쯤 가리고 어색한 미소를 지으면서 연신 포즈를 잡았다. 알래스카의 풍광 사진이야 내 집에 앉아서 손가락 몇 번만 까딱하면 얼마든지 감상할 수 있다. 하지만 훨씬 못한 구도의 형편없는 화질이라도 내가 가본 곳, 내가 찍은 것, 내 얼굴이 들어간 사진은 훨씬 값어치가 있는 것 같다.

이번 알래스카 여행은 백 점 만점에 백 점에 가까웠다. 여행이 끝나는 것이 아쉽기만 했다. 나의 알래스카는 두고두고 잊지 못할 신세계로 가슴에 남게 되었다. 이렇게 또 내 영토를 넓히는 뿌듯함은 떠나보지 않은 사람은 모를 것이다.

3부

# 이탈리아

Italy

2017.10.27~2017.11.08

2017년 10월 28일

로마(Roma)의 아침이 밝았다. 호텔 뷔페에서 남편과 식사를 했다. 여기가 로마라니 신기하다. 남편은 허리가 아파서 거리가 먼 곳은 여행 갈 엄두조차 못 내는 상황인데, 남편은 베네치아를 한번 보고 싶다고 하고 나는 쏘렌토를 못 갔다고 이야기를 나누다가, 많이 걷지 않고 자동차에 앉아서 유람하는 코스라면 어쩌면 갈 수 있을 것 같다기에 얼른 로마 왕복으로 티켓팅을 했다. 부부가 같이 다니는 사람이 부러웠다. 좋은 경치는 혼자 보기 아까웠고 귀한 음식은 나눠 먹고 싶었다. 또 혼자 떠난 여행은 아름다운 추억을 함께 나눌 수 없었다. 여행이 여행으로 끝나고 어쩌다 내가 다녀온 곳이 TV에 나와도 속으로 추억할 뿐이었다.

로마로 오는 비행기 안에서 남편은 나보다 컨디션이 더 좋았다. 그를 위해 비즈니스석을 25만 마일이나 차감하고 구입했는데 그는 한 번도 눕지 않고 열 시간 이상을 앉아서 버티었다. 아이고 허망하게 날아간 내 세계 일주 티켓이여! 마일리지 25만 마일이면 지구 한 방향으로 7번을 갈아타며 1년 안에 돌아올 수 있었다. 허리가 아픈 남편을 위해 나의 버킷리스트 넘버 원을 포기하지 않았던가. 그래도 좌석이 넓어 다리가 안 아프고 편하게 잘 왔다니 그나마 다행이었다. 나는 편안함보다 식사가 더 마음에 들었다. 스튜어디스는 하얀 냅킨을 좌석 앞 테이블에 깔아주더니 도자기와 유리잔에 담긴 음식을 가지고 왔다. 찐한 오렌지 향의 순도 100% 주스, 그 유명한 땅콩, 맑아서 물 같은 식전 포도주, 싱싱하여 탱글탱글한 새우 샐러드, 씹을수록 고소한 비프스테이크, 겉은 바삭하고 속은 촉촉한 빵, 든든하고 묵직한 붉은 포도주, 배릿한 맛으로 술을 부르던 갖가지 치즈, 나중에는 컵라면까지 제공되었다. 먹고 눕고, 먹고 눕고, 땅에서 하늘까지 점령한 돈의 위력을 마음껏 즐겼다.

13일간의 여행은 세*님이 도와주기로 했다. 입국 비행장부터 출국 비행장까지 전 여정을 운전하고 안내하며 세심하게 보살펴주기로 했다. 보디가드를 대동하고 떠나는, 호강에 넘치는 부부 여행이지 싶다. 세*님은 현지 여행가이드로 유럽 전역을 다니는데 마침 예약이 살짝 빈 시기에 맞춰 내가 일정을 잡았다. 그와는 블로그를 검색하다가 알게 되어서 두 차례 같이 장기 유럽 여행을 했다. 일단 운전이 차분하고 술을 안 먹으며 블로그의 글처럼 진솔하고 성실하며 성정이 착했다. 외국에서 혼자 사느라 이악스러울 법도 한데, 전혀 그렇지 않아 남편은 아들처럼 스스럼없이 대하며 좋아했다. 세*님은 여행지에서 만난 멋지고 참한 여성과 결혼하여 아들을 낳고, 지금은 유럽 배구 경기 유튜버로 일하며 경기 짬짬이 현지 가이드를 하고 있다.

9시 반. 아시시(Assisi)로 향했다.

아시시는 내가 가고 싶던 곳이라 이탈리아 첫 일정에 넣었다. 언덕 위에 설립된 중세 도시인데 인구는 3만 명 남짓이다. 성인(聖人) 성 프란체스코의 고향이며 1208년에 설립된 프란체스코 수도회의 본부가 있는 곳이다. 성 프란체스코 성당과 수도원은 세계문화유산에 등재될 정도로 중세 도시 연구에 중요한 역할을 하고 있으며 성인의 발자취를 찾아오는 성지 순례객이 끊이지 않는 곳이라 한다. 가장 낮은 자세로 전도하고 하나님을 모셨던 성 프란체스코의 삶을 되짚으며 두 손을 모았다. 나는 20년 전 불어 성경 모임에서 그의 삶을 그린 소설『LE TRES BAS』를 접하고, 그를 흠모하고 추앙하였다. 그를 기리며 지어진 성당 자리가 전에는 사형 집행장이었지만 이제는 평화의 말씀을 전하는 천상의 기도처가 되었다. 그를 만나는 사람들이, 또 나도 그렇게 선하게 변하기를 기도했다.

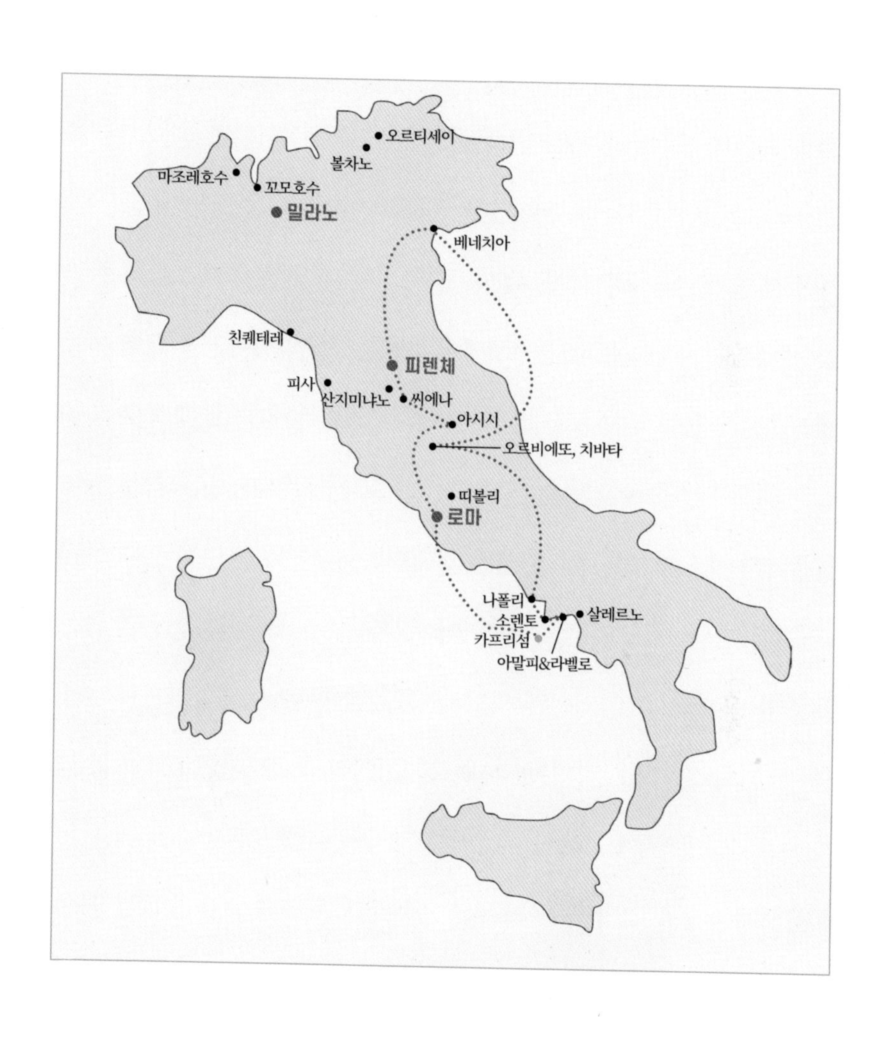
오르티세이
볼차노
마조레호수
꼬모호수
밀라노
베네치아
친퀘테레
피렌체
피사
산지미냐노
씨에나
아시시
오르비에또, 치바타
띠볼리
로마
나폴리
소렌토
살레르노
카프리섬
아말피&라벨로

0 - 24

3시가 가까워서 들른 샌드위치 가게의 음식은 아주 맛있었다. 그래도 음식을 남겼다. 이탈리아는 음식량이 상당히 많다. 우리나라에서 두세 명이 나누어 먹을 수 있는 피자 한 판이 거기서는 1인분이니 내가 음식을 남기는 건 맛과 상관이 없다. 그런데 남편은 양이건 맛이건 달갑잖은 표정이다. 벌써 밥이 그리운 모양이다. 그럴 줄 알고 내가 주방 있는 숙소들을 예약했지. 아침저녁으로 밥을 찾는 남편과 여행 간다는 것은 안방을 이고 다니는 것과 같다고 툴툴대면서도, 일정 내내 우리는 밥을 먹었다. 건강하게 다니는 남편이 고맙고 감사했다. 마지막 부부 여행일지 모르는데 무슨 일인들 못 하랴.

토스카나 지방을 드라이브하면서 탄성이 절로 나왔다. 완만하고 부드러우며 매끄러운 언덕 능선이 겹겹이 출렁거린다. 파란 하늘과 맞닿은 구릉이 세련되기 그지없고 그 사이로 간간이 나타나는 집들의 품격이 예사롭지 않았다. 게다가 노랗게 익어가는 포플러나무가 나부끼는 모양은 휑하게 빈 들판에 생기를 불어넣고 있었다. 다들 토스카나! 토스카나! 하는 이유가 있었다. 나 역시 와서 보지 않았다면 몰랐을 것이다. 토스카나 지방에서 1박을 하는 일정은 정말 신의 한 수인 것 같았다. 넘치게 아름다운 선물에 두 손 모으는 이탈리아의 둘째 날 여정이다.

## 2017년 10월 29일

새벽 3시에 눈이 떠졌다. 그도 그럴 것이 아직 8시간의 시차 적응이 안 된 상태이기 때문이다. 새벽 3시면 한국 시간으로 낮 11시이다. 역시나 잠에서 깬 남편과 둘이서 농가주택을 두어 채 지었다 부수고, 다시 억지로 잠을 청했다. 우리 숙소는 농가주택을 숙소로 제공하는 아그리투스모로, 하얗고 거칠게 칠한 벽면이 인상적이었다. 이탈리아는 왜 시골도 이렇게 고급스러운 거야. 근처에는 영화 촬영지로 유명한 아그리투스모가 있어 들러보았다. 역시 입구 가로수부터 탄성을 자아냈다. 은

근한 벽돌색 돌집과 잘 꾸며진 화단과 꽃장식이 주변과 잘 어울렸다. 우리도 포즈를 잡고 영화 한 편을 찍었다.

씨에나(Siena) 가는 길 내내 토스카나의 풍요로움이 따라왔다. 가을빛마저 완연하여 눈이 행복하였다. 씨에나의 캄포 광장에서 점심을 먹었다. 피자와 스파게티 맛이 별로였지만 청량한 10월의 마지막 주, 노천카페에 내리는 햇살은 카랑카랑하여 기분이 좋았다. 와인을 마시고 커피도 마시고 중앙으로 살짝 비탈진 광장이 주는 아늑함에 취해 마냥 앉아 있었다.

피렌체(Firenze)는 차가 다닐 수 없을 정도로 관광객이 많았다. 두오모 성당은 하얀 대리석에 비췻빛과 붉은 대리석으로 모자이크를 하듯 띠를 둘렀다. 장중함은 덜했지만 어마어마한 크기로 위용을 자랑했다. 숙소는 성당 앞 광장에 면해 있어 멀리 미켈란젤로 언덕의 야경이 보이고 하늘에는 반달도 떠 있었다. 4층까지 올라가느라 힘들었지만, 그저 내려다보기만 해도 마음이 넉넉했다. 더구나 시내에 방 두 개, 화장실 두 개가 웬일이냐고 택했던 건데 위치가 너무 좋았다. 광장이 고요하다. 그 많던 관광객은 다 어디로 갔을까.

## 2017년 10월 30일

아침에 눈을 뜨자마자 커피를 들고 발코니로 나갔다. 넓은 광장을 나 혼자 누리는 쾌감에 밥을 먹지 않아도 배가 부르다. 체크 아웃을 하고 미켈란젤로 언덕으로 향했다. 피렌체 시내가 한눈에 들어왔다. 아르노 강을 건너는 베키오 다리가 보였다. 강이 있고 다리가 있는 풍경은 언제나 여유롭고 활기가 느껴진다. 세계 어디를 가도 서울의 한강만큼 풍성하고 아름다운 강은 없는 것 같다. 한강 하면 빼놓지 않는 남편의 자랑거리가 있다. 대학생 시절에 수영으로 한강을 건넜다는 것이다. 믿을

만하였다. 우리 아이들이 어렸을 때 다른 가족이랑 같이 한탄강에 놀러 갔는데, 그는 물살이 세기로 유명한 한탄강을 유유히 헤엄쳐 건넜고, 오후에는 물에 빠진 할아버지를 구해줘서 같이 왔던 다른 노인들로부터 큰 절을 받고 수박을 얻어먹었다. 건장한 체격과 잘생긴 얼굴로 요즈음 세상에 태어났다면 아마 박태환 못지않은 성적과 인기를 누렸을 것이다. 오호 통재라.

베네치아(Venezia) 가는 길은 마치 강원도 어디쯤인 듯 터널이 길고 많았다. 터널 속의 점선 차선도 인상적이었다. 개통된 지 얼마 되지 않아

길이 말끔했고 시간도 단축되어 5시 예정이었으나 3시경에 도착하였다. 베네치아는 관광객들이 넘쳐났다. 자연히 숙박료가 비쌀 수밖에. 나 역시 이탈리아 어느 곳보다 비싸게 예약하였다. 해 질 무렵 산마르코 광장으로 향했다. 건물과 건물 사이로 출렁이는 물결을 헤치고 배(바포레또)는 신나게 나아갔다. 남편과 이곳에 오다니, 나도 신이 났다. 이리저리 멋진 풍경도 찍으며 움직였더니 멀미가 났다. 역시 배는 나랑 안 맞아. 광장에 들어서니 언제 그랬느냐는 듯 발걸음이 펄펄 날았다. "여기가 베네치아다. 나 여기에 왔다."라고 속으로 외치며 브이를 꼽았다. 바다 한가운데에 어떻게 이런 거대한 도시를 건립하였을까. 하늘을 나

ALILAGUNA

는 비행기나 바다를 달리는 배처럼 베네치아는 보면 볼수록 신기한 물의 도시이다. 30여 년 전에 이곳에 왔을 때는 산마르코 성당 주변만 둘러보고 떠났었다. 그때는 베네치아로 들어가는 다리가 없었는지 트롱킷이라는 항구에서 배를 타고 들어가서 2시간 만에 관광을 끝냈었다. 꿈결처럼 스쳐 지나갔던 이곳에서의 2박이라니 아주 넉넉하고 소중한 선물을 받은 것 같다. 베네치아 야경을 보고 온 남편은 저녁을 먹은 후에 카세트를 꺼냈다. 트로트 노래가 흘러나오고 남편은 콧노래를 흥얼거렸다. 손가락 장단까지 치는 걸 보니 그도 어지간히 기분이 좋은 모양이다. 죽기 전에 한 번 보고 싶다고 수천 킬로를 날아왔으니 감회가 새롭기도 하겠지. 남편은 여행을 좋아하여 십여 년 전까지 전 세계를 돌아다녔다. 비즈니스도 없는 사람이 하와이를 9번이나 다녀왔으니 말해 무엇 할까. 가족이랑 가고, 친구랑 가고, 선후배랑 가고, 미국 본토 가는 길에 들르고, 그렇듯 놀러 다니기 좋아하는 사람이었는데 허리를 다친 데다 세월에는 장사가 없어 이제는 서울에서만 열심히 놀고 있다. 그렇다고 나까지 서울에 있기를 강요하지는 않는다. 다녀본 사람이라 그 심정을 알아서 그런지, 언제나 어디든 잘 다녀오라고 부추기고 지원해 준다. 여행뿐 아니라 20년 글쓰기와 300회 산행과 10여 년 시민단체 활동에도 늘 응원해주었다. 참 다행이고 고맙기 그지없다.

2017년 10월 31일

아침에 베네치아 수산시장으로 갔다. 배를 타고 리알토에서 내렸다. 내 생전 장 보러 배를 타기는 처음이라 아침부터 콧노래가 나왔다. 이탈리아 음식이 입에 맞지 않는 남편을 위해 생선을 사러 갔다. 시장에는 참치, 연어, 크랩, 방어, 서대, 광어, 도미 등 생선들이 잔뜩 널려 있었다.

나는 시원한 국을 끓일 홍합과 내가 좋아하는 새우와 엄청나게 큰 대게와 광어에다 도미까지 샀다. 70유로 정도였다. 근사한 한 끼 외식 값인데 이 재료들이면 아마 내일 아침까지 해결될 것 같았다. 게는 껍질이 얼마나 단단한지 치아가 상할까 봐 국물만 내어 먹고 홍합국에 광어조림, 도미구이와 새우볶음 등으로 한 상 차려내었다. 펄떡일 듯 싱싱한 재료 덕분에 입에 들어가자마자 사르르 녹았다.

11시 넘어 무라노(Murano) 섬으로 향했다. 바다로 나가니 차가운 바람이 기분 좋게 불었다. 아드리아해의 선물이다. 요즈음 한국에서는 부라노(Burano) 섬이 인기인데 알록달록한 집의 원색이 주는 대비가 사진 찍기 딱 좋아서란다. 그곳은 무라노 섬에서도 30분은 더 가야 하고, 관광객이 넘쳐 배를 기다리는 시간이 길 것 같아 포기하였다. 무라노 섬만 다녀와서 오늘도 산마르코 광장으로 가서 자그마치 3시간을 한가하게 돌아다녔다. 따뜻한 햇살 아래 산마르코 대성당과 두칼레 궁전과 웅장하고 정교한 건물들이 사각형 광장을 에워싸고 있었다. 성당 내부는 금방이라도 금가루가 손에 묻을 듯, 생생한 금분 프레스코화가 그려져 있었다.

간절한 기도를 드리고 나와서 뒷골목을 기웃거리다 멋진 청색 모자를 사고 바다 난간에서 쉬고 있는 남편에게 왔을 때 선글라스가 없는 걸 알았다. 모자를 쓰고 벗느라 진열대 위에 얹어두고 그 위에 다른 모자들이 겹쳐서 안 보이니 깜박 잊고 그냥 나온 것이다. 다행히 가게 주인이 나와서 안경을 흔들며 챙겨주어 한숨 돌렸다. 모자의 다섯 배가 넘는 선글라스를 두고 나오다니. 사실은 돈보다 사연이 있는 물건이라 조마조마했다. 십여 년 전 몽골 여행을 갔을 때 일행 O가 폐렴에 걸려 죽을 뻔하였다. 생사를 오가는 상황에 관광은커녕 O가 입원한 병원만 들락거렸다. 목숨이 위태로운 사람을 비행기에 태울 수 없다는 항공사 방침과 2~3일씩 건너 있는 운항 일정 때문에 우리는 두 번이나 산소통을 차고 공항까지 갔지만 한국행 비행기를 탈 수 없었다. 허름한 몽골 병원의 중환자실에 누워 있는 O가 불쌍하고 시시각각 닥쳐오는 상황이 무섭고 두려웠다. 펑펑 울면서 항공사와 병원과 호텔 등, 백방으로 도움을 청한 결과 다행히 O는 일주일 만에 살아서 한국으로 돌아왔다. 비행기 안에서 함께 고생한 O의 친구 L이 고맙다고 사준 감사의 선물이 그 선글라스였다. 거기에는 황량한 몽골 들판과 무엇이든 도와주려던 몽골 사람들의 친절과 내 간절한 기도와 눈물이 담겨 있다. 그렇게 먼 곳에다 허망하게 버리고 오면 안 되는 물건이었다. 가슴을 쓸어내리고 숙소로 돌아오느라 또 배를 탔다. 오래오래 잊지 않도록 베네치아의 전경을 꼭꼭 접어 가슴에 담았다.

## 2017년 11월 01일

아침 8시 반에 베네치아를 출발했다. 오늘은 오르비에또(Orvieto)까지 가야 한다. 갈 길이 450km나 되는 데다 유명한 쇼핑몰에 들러 멋진 옷을 살 계획이라 일찍 길을 나섰다. 주차 빌딩 5층에 주차된 자동차에 타면서 다시 한 번 베네치아를 바라보고 아쉬움을 달랬다.

더몰에는 세계적으로 유명한 브랜드가 100여 개도 넘었다. 내가 좋아하는 브랜드에 들어갔더니 맞는 치수가 없었다. 내가 큰 체구가 아닌데

안 맞을 정도면 뭘 사라는 거야. 아니 너무 작은가. 남편도 버버리에서 더블 단추의 트렌치코트를 사고 싶다고 했는데 원하는 디자인과 색상이 없었다. 벼르고 벼른 쇼핑이 30분 만에 빈손으로 끝났다. 돈이 없지, 물건이 없겠냐.

베네치아에서 볼로냐까지는 끝없는 지평선이 보이더니 그곳을 넘어서니 산세가 완만한 가을이 펼쳐졌다. 노랗게 물든 가로수가 길마다 화사하게 수를 놓고 노란 포도밭도 군데군데 펼쳐져 조화를 이루었다. 감탄하랴, 사진 찍으랴, 이야기하랴, 분주하게 움직이다 보니 어느새 목적지에 도착했다. 날씨가 좋고 경치도 좋고 이탈리아 여행의 최적기였다.

오르비에또는 숙소 내부가 아주 좋았다. 아래, 위 두 개 층에다 실내는 현대적으로 이탈리아 대리석이 군데군데 배치되어 시원스러웠다. 장님 코끼리 만지듯 어디가 어딘지 모르고 인터넷으로 골랐는데 로마를 비롯하여 지난 닷새 동안 숙소가 다 좋았다. 로마는 객실 업그레이드를 받아 널찍한 방이 만족스러웠고 토스카나 지역은 농가주택이 주는 색다른 느낌과 소박한 인테리어가 눈길을 끌었으며 피렌체는 시내 한복판 광장이 내려다보이는 곳이라 발코니에만 있어도 좋았다. 베네치아는 주차건물에서 3분 거리여서 캐리어를 끌고 배를 타지 않아도 되었다. 그중에 오르비에또 숙소는 시내 한복판이면서 제일 넓고 고급스러우며 깔끔하고 조용했다. 세*님은 아래 한 층을 혼자 다 쓴다고 좋아하며 호탕하게 웃었다.

두오모 성당을 찾아갔다. 오늘이 마침 성모 대축일이어서 슬로시티 오르비에또에도 사람들이 분주하게 오고 갔다. 우리가 성당에 들어섰을 때는 문 닫을 시간이어서 기도만 드리고 나왔다. 여느 성당에 비해서 소박하였다. 천장에는 그 흔한 성화 하나 없이 나무 천장이었던 것 같다. 성당 앞 광장도 아담하였다. 맞은편 계단에 앉아 이런저런 이야기로 저녁나절을 보내고 불 밝힌 골목길을 천천히 또 천천히 걸어 숙소로 돌아왔다. 참 편안한 저녁이다.

2017년 11월 02일

광장에는 벼룩시장이 열리고 있었다. 예쁜 치마가 눈에 띄었다. 얼른 손이 나가다가 멈칫했다. 아침부터 만지작거리고 안 사면 눈총을 받을까 봐 구경만 하였다. 나는 여행지에서 옷을 잘 사는 편인데 정작 한국에 돌아가면 애용하지 않아 기분에 따라 사지 말아야지 하면서도 옷만 보면 걸음이 멈춰진다. 여자가 옷 좋아하는 게 죄는 아니잖아. 농민들이 직접 가져온 싱싱한 야채와 과일도 눈길을 끌었다.

오르비에또 성에 올랐다. 천천히 걸으며 초가을 유럽의 아침을 만끽했다. 오르비에또가 200m 높이에 있는 성곽 도시여서 멋진 뷰 포인트가 많았다. 산책길은 노란 단풍이 길게 이어졌다. 한 시간 동안 삽상한 기운을 즐기고 짧은 오르비에또 일정을 마쳤다. 베네치아에서 소렌토로 가는 길의 중간이어서 하루 묵기로 했지만 정말 잘 들렀다 싶었다. 슬로시티(slow city)가 주는 여유로움이 좋았다.

소렌토(Sorrento) 가는 길은 가을 색깔이 더 풍성했다. 마음마저 풍성하여 폼페이에 도착했다. 폼페이(Pompei)는 서기 79년에 베수비오 화산의 폭발로 순식간에 도시 전체가 용암에 파묻혔다. 당시 로마 상류 계급의 별장 휴양지였던 폼페이는 화산재에 덮여 사라졌는데, 1592년 폼페이를 가로지르는 운하를 건설하는 과정에 건물과 회화 작품이 발견되었고 1861년 이탈리아가 통일되면서 본격적인 발굴 작업이 시작되었다. 폼페이는 한순간에 멈춰버린 만큼 그 당시의 생활상을 그대로 나타

내고 있었는데 가정으로 물을 보내는 수도관 시설과 포장도로는 물론 화덕에 구운 빵과 술잔이 있고 남녀 체위를 그린 홍등가도 있었다. 목욕탕과 원형경기장도 있었다. 참 대단한 로마제국이었다. 이천 년 세월의 잠에서 깨어 역사를 증언하는 데에는 무너지고 깨진 파편을 한 조각 한 조각 모아 원형대로 구성하고 보존하는 발굴팀의 수고가 한몫했다. 유적의 비어 있는 공간에 석고를 부어 죽은 모습들을 재현해낸 능력이 감탄스러웠다. 발굴 작업은 200년 가까운 지금도 진행 중이라는데 나는 2,000년 전의 도시 한가운데서 멋진 포즈로 사진을 찍으며 그들의 노고에 감사했다. 따끈따끈한 햇살 아래 한 시간 동안 유적지를 거닐면서 폼페이의 그 날을 상상해보았다.

나폴리(Napoli) 인구가 100만 명이란다. 어쩐지 나폴리가 가까워지면서 차가 엄청나게 많아졌다. 사람들이 복작복작한 것이 이탈리아 3대 도시다웠다. 나폴리가 세계 3대 미항 중의 하나로 꼽혀서 작고 아름다운 항구라고 생각하였는데 소렌토로 넘어가면서 바라본 나폴리항구는 거대한 하얀 도시였다. 그리고 이곳은 소매치기가 많기로 악명이 높아 세*님이 시내로 들어가기를 두려워하였다. 유명한 나폴리피자 맛을 보겠다는 내 열망(?)도 거절하고 통과해버렸다. 언젠가 된통 당한 기억이 있나 보다.

소렌토(Sorrento) 숙소는 붉은 색깔의 커튼과 타일을 군데군데 배치하여 집을 꾸며놓았는데 이름처럼 럭셔리하였다. 3박이라 집에 온 듯 여유롭다. 숙소 시설마저 깔끔하고 넓어서 기분이 좋다. 근처 마트에서 맛있는 고기를 잔뜩 사서 상추쌈을 해 먹었다. 남편도 배부르고 편안하다며 행복하게 잠자리에 들었다. 로마에 도착하자마자 베네치아로 올라갔다가 다시 소렌토까지 내려오느라 여정이 힘들었을 텐데 아직은 컨디션이 괜찮다. 남편이 최대한 걷지 않도록 하느라 세*님이 수고가 많았다. 이탈리아는 유적이나 문화재 보호를 위해 시내 곳곳에 교통 통제구간이 많은데 그걸 다 피해서 요리조리 운전하여 남편이 피로하지 않도록 도와주었다. 심지어는 빤히 보이는 100m 거리를 십 분이나 돌았다. 배려심 많은 세*님이니까 가능한 일이었다. 여행은 걷지 않으면 안 되는 곳이 많아서 체력 소모가 많다. 또 집 나서면 고생이라고 의식주가 불편하여 쉬 피로하고, 긴장으로 신경이 날카로워진다. 어쨌거나 남편이 건강해야 여행을 잘 마칠 수 있으므로 그의 드르릉거리는 코골이도 음악처럼 들린다.

## 2017년 11월 03일

포지타노(Positano) 바닷가의 선베드에 누웠다. 하늘이 푸르다. 아침에는 날씨가 흐려 걱정했는데 산 위에 걸려 있던 구름이 걷혔다. 고개를 오른쪽으로 돌리니 푸른 산에 폭 안기듯이 하얀 도시가 자리하고 있어 한 폭의 그림이었다. 포지타노 바닷물은 미지근하여 아직 수영하는 사람이 있을 정도이고 바닷가는 신기할 만큼 깨끗했다. 거울처럼 잔잔하던 바다에 갑자기 철썩이며 파도가 밀려온다. 나는 벌떡 일어나 앉았다. 파도가 선베드를 뒤집을 듯 기세가 요란했기 때문이다. 나는 물을 무서워하여 해양스포츠는 물론 섬 여행을 다니지 않았다. 그런데 요즈음 텔레비전을 보면 스쿠버 다이빙이나 서핑 같은 해양 스포츠가 인기다. 물이 두려워서 체험 기회를 놓치고 그에 따른 즐거움도 덩달아 흘려보내 아쉬웠다. 몇 해 전에 나도 서핑을 배우러 양양 바닷가에 갔었다. 아홉 번 물에 빠지고 나서 두 손을 들고 말았다. 열 번이나 넘어지는 것은 내 자존심이 허락하지 않거니와 팔과 다리의 힘이 부족하여 보드 위에 몸을 일으켜 세울 수 없었기 때문이다. 그렇게 나의 서핑 도전은 미역 줄기가 된 머리카락에 허탈한 미소로 끝났다. 다시 용기를 내어봐? 말아? 하면서 포지

restaurant

SORRENTO

RISTORANTE
PIZZERIA
S. ANDREA
dal 1934
RISTORANTE
PIZZERIA
ANDREA

타노 바닷가를 거닐었다.

아말피(Amalfi) 가는 길은 아름답기 그지없었다. 소렌토에서 오른쪽에 바다를 두고 동쪽으로 가는 그 길은 수직의 절벽에 석축을 쌓아 도로를 만든 지혜와 노고가 눈물겨웠다. 그 길이 자그마치 20km다. 포지타노에서 아말피, 세계에서 가장 아름다운 해안도로라는데 나는 자연보다 그들의 수고가 더 경탄스러웠다. 구릉을 말끔하게 면도시킨 토스카나 지방이나 운하로 도시를 형성한 베네치아나 절벽에 길을 낸 아말피 해안이 다 이탈리아인의 저력을 보여주었다.

아말피 성당을 둘러보고 소렌토로 돌아오다가 바다가 훤히 보이는 식

당에서 스파게티를 먹었다. 해산물이 듬뿍 들어 있어 참 맛있다. 남편도 시장했는지 그릇을 말끔하게 비웠다.

소렌토 시가지를 거쳐 바닷가에 갔다. 너무 아름다운 도시들을 보고 와서인지 감흥이 덜했다. 눈이 너무 높아졌다. 그래도 〈돌아오라 소렌토로〉를 흥얼거리며 숙소로 향했다.

## 2017년 11월 04일

오늘은 카프리(Capri) 섬으로 간다. 날씨가 쾌청하다. 내 마음도 쾌청

RADIO TELE CAPRI
43
GROTTA AZZURRA
RIO
ANACAPRI
ARCO NATURALE
PICCOLA MARINA
CALA DEL TOMBOSIERO
GROTTA VERDE
FARAGLIONI
FARO
MARE TIRRENO

하다. 아니 들떠서 설렌다. 찰스 황태자와 다이애나 왕비를 비롯한 유명 인사들의 신혼여행지에 남편과 내가 가는 것이다. 40여 년, 참 오래 살았다. 결혼을 하면서 한 10년만 살아봐야지 했는데 어느덧 함께 황혼을 바라보고 있다. 남편은 우리가 일 년에 한 번 정도나 부부싸움을 한다고 지인들에게 자랑(?)하곤 한다. 그는 살면서 별로 말썽을 일으키지 않았다. 체질상 술을 못 마시니 실수할 일이 없었고 여자 문제를 만들지 않았으며 천성이 부지런하고 깔끔하였다. 외출 후에는 항상 양말을 손수 빨았다. 그리고 호불호(好不好)가 명쾌하여 그가 싫어하는 일만 내가 하지 않으면 다툴 일이 없었다. 게다가 남을 위한 배려와 포용력이 있어 주변에 그를 좋아하는 사람들이 많고 선후배를 막론하고 잘 어울렸다. 그렇게 발이 넓어 눈만 뜨면 외출하니까 나도 편하고 좋았다. 싸울 일이 없었다.

카프리 마리나 선착장에 도착하여 곧장 푸니쿨라를 타고 구시가지에 올랐다. 광장에는 사람들이 북적였고 샤넬, 구찌, 알마니, 페라가모 등 온갖 명품들 가게가 즐비하였다. 카프리가 세계 부호들의 휴양지인 만큼 그들의 기호를 무시할 수 없나 보다. 하긴 아무리 경치가 아름다워도 쇼핑의 즐거움을 빼놓을 수는 없겠지. 내가 아는 어느 신부는 하와이로 신혼여행을 갔는데 와이키키 해변에 숙소가 있었는데도 바닷물에

손 한 번 안 담그고 백화점만 들락거렸다고 했다.

아나카프리(Anacapri)로 가기 위해 미니버스를 탔는데, 잘생긴 이탈리아 운전기사는 커브 길을 곡예하듯 운전하였다. 섬의 산길이 그저 작은 차가 스쳐 다닐 정도인데 관광객을 위하여 버스를 운행하고 있었다. 버스가 마주 올 때는 나도 모르게 오금이 저렸다. 두 버스가 연출하는 10cm 간격의 교차 운전은 또 하나의 볼거리였다.

아나카프리에서 내려서 리프트를 타고 몬테솔라(Monte Solaro)로 갔다. 리프트는 15분 정도 걸려 산으로 올라간다. 아니 하늘로 올라갔다. 한 사람씩 앉게 되어 있는 의자 리프트는 카프리의 자연을 혼자서 조용히 음미하라는 배려란다. 나 역시 오르내리는 내내 경치를 보고 감탄하느라 시간 가는 줄 몰랐다. 사방 천지간에 오직 바다와 하늘만 보였다. 정상에 자리한 광장에서 동서남북으로 돌며 사진을 찍었다. 다 작품이었다. 카프리 바다 색깔은 가히 환상적이었다. 바닷속을 꿰뚫듯 맑고 순수하게 푸르며 어둠처럼 짙었다. 햇살이 담긴 코발트 색깔은 끝 모르게 깊었다. 사진에 다 담을 수 없는 오묘한 바다를 눈에 담으며 넋을 잃고 내려다보았다. 아내를 위해 카프리까지 오면서 힘들어하던 남편도 이곳이 마음에 드는지 줄곧 사진을 찍었다. 선글라스를 끼었다가 턱을

괴었다가 한쪽 다리를 계단에 올리며 온갖 포즈를 잡았다. 남편은 아무리 경치가 좋아도 먼저 좋다고 말하는 법이 거의 없다. 내가 방방 날뛰면서 "좋죠? 좋죠?" 하면 "응." 할 뿐이다. 참 진중하기도. 카프리 섬에서는 그 대답을 열 번도 더 들은 것 같다. 차마 속세로 내려오고 싶지 않았다. 차를 마시고 벤치에 앉아 쉬면서 승선 시간이 될 때까지 오랫동안 하늘과 바다를 즐겼다. 부호들의 신혼여행지에 앉으니 세상 모든 근심이 사라지고 마음은 그들 못잖은 부자가 되었다. 왜 사람들이 경치가 기가 막힌 곳으로 신혼여행을 가는지 이해가 되었다. 남편이 더 멋져 보였다. 이탈리아 여행에서 가장 기억에 남는 곳이지 싶다. 다시 리프트를 타고, 곡예 버스를 타고, 페리를 타고, 소렌토 해변 엘리베이터까지 타고 숙소로 오는데 기분이 얼마나 좋은지…. 발이 붕붕 뜨는 것 같았다. 늘 오늘 같기를.

2017년 11월 05일

로마로 간다. 지난 10월 27일에 로마에 도착하여 잠만 자고 북쪽 베네치아로 떠났다가 남쪽 아말피까지 들러서 열흘 만에 로마로 돌아가는 것이다. 뿌듯하다. 여행의 대미를 장식할 로마에 대한 기대보다 지난 열흘 동안 건강하게 잘 지내준 남편이 고마워서다. 로마의 환영이 요란스럽다. 천둥이 치고 번개가 번쩍이며 앞이 안 보일 정도로 장대비가 쏟아진다. 무조건 길에 서 있을 수는 없어 휴게소를 찾아가는데 우리가 가는 방향의

하늘은 환하다. 터널을 지나자 언제 주먹비가 왔느냐는 듯 날씨가 맑아졌다. 차창에 빗방울을 주렁주렁 달고 맑은 하늘을 사진에 담았다. 무지개도 떠 있었다.

숙소에 짐을 풀자마자 세*님은 야경을 보러 가자고 앞장섰다. 콜로세움을 비추는 조명이 어두웠다. 어디나 불경기이고 이탈리아도 위태위태하다고 들었다. 바티칸 성당에 들렀다. 까만 밤에 여전히 빛나는 대성당을 바라보고 두 손을 모았다. 우리 부부를 위해 2,000km 이상을 운전하느라 고생한 세*님을 잘 보살펴주십사고 기도했다.

2017년 11월 06일

바티칸시국의 베드로 성당 광장에 섰다. 양팔을 벌려 신도들을 품듯 광장은 성당 양쪽으로 날개를 펴고 있다. 꿈에도 그릴 수 있었던 생생한 모습을 다시 만났다. 은혜로웠다. 그곳에는 성당 내부에 들어가려는 관광객들의 행렬이 광장을 한 바퀴 뼹 돌만큼 길게 늘어서 있었다. 우리는 광장에서 사진만 찍고 나와서 천사의 성으로 갔다. 하늘과 맞닿은 꼭대기에 천사상이 서 있었다. 다시 사진만 찍고 판테온 신전으로 갔다.

판테온(Pantheon) 신전은 서기 118~128년에 현재의 모습으로 건축되었다. 그 당시는 다신교였던 로마의 모든 신을 섬기는 신전이었다가 6세기에는 카톨릭 성당으로, 르네상스 시대에는 빅토리아 임마누엘레 2세 등의 왕족과 라파엘과 카라치의 무덤으로 이용되었으며 현재는 카톨릭 성당으로 미사와 중요 행사를 거행하고 있다. 내부에 들어가니 엄청 넓었다. 신전 공간 지름이 43m이고 높이가 43m의 반구형인데 꼭대기에 있는 직경 8m 구멍으로 햇살이 들어왔다. 직경 8m짜리 구멍이라니 우습지만 그곳으로 공기가 드나듦은 물론 비도 들이친다는데, 하늘 구멍 아래를 약간 오목하게 만들어서 고인 물이 빠지는 하수구도 설치

되어 있단다. 그 역시 2,000년 전에 설치되었다니 로마인의 천재성은 가히 놀랄 만하였다. 판테온은 2,000년 동안 낡지 않고 무너지지 않으며 하루에 수천 명의 관광객을 받아들이고 있었다. 이탈리아에서는 놀라운 일이 한둘이 아니다.

트레비 분수에 갔다. 20년 전 남편과 여기서 동전을 던지며 다시 오게 해 달라고 기도했었다. 그 소원이 이루어졌다. 다시 그때처럼 트레비 분수를 뒤로 하고 동전을 던졌다. 다시 돌아올 수 있게 해 달라고 말하지 않았다. 분수의 위력을 검증하기에는 염치없는 소원이다. 그저 그냥 던지고 웃었다. 스페인 광장의 계단에 앉아 이탈리아 가을에 흠뻑 취하고 영화 〈로마의 휴일〉의 여주인공 흉내를 내면서 이 시간을 오래오래 추억할 수 있기를 기대했다.

맞은편 명품거리에서 내 취향에 딱 맞는 옷을 만났다. 남편이 얼른 카드를 꺼내었다. 오잉? 이게 웬일? 삼십 년 전 마침 내 생일날 롯*백화점 8층에서 볼 일이 있었다. 일을 마치고 나오는데 남편은 엘리베이터 대신 에스컬레이터를 타고 1층까지 빙빙 둘러보며 내려왔다. 생일이니 선물을 사주려나 보다 하고 한껏 설레어서 따라 내려오던 나는 그만 실소를 금치 못했다.

남편은 "살 거 하나도 없다." 하고 백화점 정문을 나서는 것이었다. 그렇게 눈치코치 없던 사람이 카드를 확 긁는 것을 보니 오래 살고 볼 일이다. 끝까지 버티는 사람이 승리자라 했던가. 비가 살금살금 내린다. 실비다. 비를 맞아도 기분이 좋다.

### 2017년 11월 08일

로마에서 길을 잃었다. 그것도 옛 로마의 시작이었던 팔라티노 언덕의 무너진 성터에서. 언덕을 이리저리 돌아다니다 보니 포로로마노 광장이 한눈에 다 보이는 곳이 나타났다. 그곳에 들어가려는 관광객들의 행렬이 엄청나서 포기했는데 이런 횡재가 있나 싶었다. 입장료가 15,000원이나 되는 이유가 있었네 하면서 유적지 입구에서 쉬고 있는 남편에게 이 멋진 광경을 보여주어야겠다 싶어 부지런히 갔는데, 아뿔싸 가도 가도 무너진 건물뿐 남편은 보이지 않았다. 2,000년 세월의 풍상에 허물어진 건축물은 그게 그것 같아서 어디가 어디인지 알 수가 없었다. 혼자 이리저리 헤매다가 한국 청년이 보이길래 길을 물었더니, 내가 정 반대편에서 헤매고 있다고 알려주었다. 그러면 그렇지. 길치가 어디 가겠나. 그래도 나는 즐거웠다. 길을 잃지 않았다면 2,000년 전의

시간을 조금 더 누리지 못했을 테니까. 나는 숨을 헐떡거리며 남편에게 다가가서 좋은 곳이 있으니 가 보자고 설명했더니 그는 "됐어." 하며 그냥 출입문을 나섰다. 할 수 없지, 뭐. 사람마다 좋은 게 다 같을 수 없으니까. 늘 그랬다. 남편은 패키지 여행을 갔을 때도 가이드 설명을 듣는 법이 없었다. 우리 조상 이름도 모르는데 그까짓 남의 나라 역사가 뭐가 중요하냐고 했다. 혼자 쓱 가서 휙 돌아보고 입구에 앉아서 지나가는 사람들을 구경했다. 그러더니 최근에는 훑어보는 것도 안 하고 관광버스 내리는 입구에 앉아서 사람 구경을 한다. 참, 사람 좋아한다.

콜로세움을 끝으로 로마 투어를 끝내니 2시였다. 아직 비행기 출발 시간은 넉넉했다. 세*님이 공항 근처의 로마 서쪽 바다로 안내했다. 그냥 공항에 데려다주면 되련만 끝까지 정성을 다해 아버지를 챙기듯 하는 그의 진심이 전해졌는지, 남편은 내년에 다시 같이 여행하고 싶다고 했다. 실현 여부를 떠나 그만큼 편하게 여행 잘했다는 의미여서 나는 으쓱했다. 파도가 넘실거리는 바다에서 커피를 마시며 이탈리아 일정을 모두 마무리했다. 여정은 끝났지만 우리의 추억은 이어질 것이고 그런 시간 속에 이탈리아의 행복한 날들은 오래오래 남을 것이다.

부부가 함께 있는 풍경은 아름다웠다.

# 4부

# 돌로미티

# Dolomite

2019.07.15~2019.08.01

천상의 시간

2019년 7월 16일

**성 지오반니(St.Giovanni) 성당**

산타막달레나(St. Magdalena)를 찾아가는 길이다. 끝없이 펼쳐진 들판은 온통 하얀 꽃 천지다. 7월의 파란 대지에 눈이 내린 듯, 아니 소설「메밀꽃 필 무렵」의 표현처럼 달빛에 소금을 흩뿌려놓은 것 같다. 하얀 구릉에 간간이 자주색 토끼풀이 기웃거리는 모습이 앙증맞기 짝이 없다. 들판 한가운데 작은 성당 성 지오반니(St. Giovanni)가 오도카니 서 있다. 하얀 들판 너머는 우람한 나무들이 거대한 숲을 이루고 그 뒤에 하얀 오들레 산군(山群)이 숲을 굽어보듯 우뚝 솟아 있다.

세상에나! 아니 이게 실제냐. 여기가 어디? 탄성을 지르고 껑충껑충 뛰어 성당으로 다가간다. 닫힌 창문 틈으로 들여다본 성당은 20명이나 겨우 들어갈 정도의 자그마한 기도처이다. 창문 너머로, 동갑내기 동네 친구 레이첼과의 여행이 건강하고 행복하기를 기도드린다. 맑고 청량한 공기를 뚫고 햇살은 그대로 대지에 내리꽂힌다. 유일한 피난처인 교회 담벼락에 기대앉아 세상의 모든 평화를 누리고 또 기원한다. 한 시간 동안의 평화는 여기 오기까지 겪은 한나절의 좌충우돌을 충분히 보상하고도 남을 만큼 은혜롭다. 여행 내내 아니 또 앞으로 살아가면서, 어려운 일이 닥쳐도 이 시간의 평화를 떠올리면 차분하게 헤쳐나갈 수 있을 것 같다.

## 2019년 7월 17일

### 지구 피라미드(Earth Piramid)

레온 케이블카를 타고 하늘로 오른다. 신나게 박차고 오른다. 경사가 장난이 아니다. 10분여 오르더니 이제는 완만하다 못해 평행선을 긋고 있다. 그런데 발아래가 엄청난 골짜기이다. 두 지점을 잇는 기둥은 아무리 둘러보아도 보이지 않는다. 오직 쇠로 된 로프 몇 가닥으로 연결되어 있다. 대단한 기술이다. 이마저 수십 년 전에 세웠다니 놀라울 뿐이다. 그렇게 1,200m에 도달했는데 거기는 또 다른 세상이 펼쳐졌다. 빨간 협궤 열차가 더 산 높은 마을로 데려다주는 것이다. 다시 버스를 타고 가야 하는데 꼬부랑 글씨가 독일어인지 이탈리아어인지 분간이 안 되어 헤매는 사이에, 우리가 타고 가야 할 버스는 건너편에서 떠나버린다. 한 시간 후에 오는 다음 버스를 기다리느니 차라리 걷자. 어느새 목적지 지구 피라미드에 다다른다. 지구 태초의 모습이 어떻게 변

했는지 생성 과정을 드러내는 지형을 보여주는데 규모가 생각보다 작다. 오히려 주변의 그림 같은 경치가 내 눈을 사로잡는다. 돌아오는 길은 쉽게 버스를 만나고 아흔아홉 구비를 돌고 돌아 삼십 분 만에 볼차노에 도착했다. 케이블카와 기차로 올랐던 그 높이를 버스로 계속 내려오면서 운전기사는 신기(神技)에 가까운 코너링 실력을 보였다. 놓쳤던 버스에 연연하지 않고 걸어가기를 시도한 덕분에 예정보다 일찍 볼차노로 돌아왔다. 때론 그런 유연함이 유익한 처세일 때도 있어 사는 재미가 있다. 시내에서 늦은 점심을 먹고 볼차노 두오모에 들어가 촛불을 켠 후에 볼차노 시내를 어슬렁거리다 인스부르크로 떠났다.

2019년 7월 18일

**인스부르크** (Innsbruck)

인스부르크의 콩그레스역에서 푸니쿨라를 타고 또 노르드케테 케이블카를 두 번 갈아타니 인스부르크의 꼭대기, 2,300m 산 정상이다. 칼날처럼 날카로운 산세가 나무 한 그루 허락하지 않는다. 태고의 성성함이 그대로 살아 있어 꼭대기의 십자가에 다가가는 마음이 조심스럽다. 거칠고 야성적인 산들은 어깨를 나란히 하고 인강(江)이 도도하게 가로

지르는 인스부르크 도시를 포근하게 감싸고 있다. 간간이 첨탑이 있을 뿐 5층 규모의 건물들이 즐비한 모습은 마치 엄마 품에 안긴 듯 아늑해 보인다. 저 험준한 산속에 어떻게 이런 도시를 건설할 생각을 했을까. 2,000~3,000m 산들 가운데 오목하게 들어앉은 도시의 형상은 마치 수박을 옆으로 가르고 속을 파낸 것 같다. 게다가 어떻게 낯선 여행자에게 이 꼭대기까지 오르게 하는가. 오스트리아의 자연이 경이롭지만, 그 자연을 돋보이게 하는 인간의 노력이 위대하게 느껴진다. 자연을 지혜롭게 이용하고 개발하는 정책이 그저 감탄스럽다. 산지가 60%가 넘는 우리나라에는 변변한 케이블카 하나 없다. 그들은 되고 우리는 왜 안 될까. 혹시 방치에 가까운 자연보호는 아닌지. 첫 번째 케이블카가 섰던 곳으로 내려와 점심을 주문하고 차를 마신다. 1,900m, 세상에서 가장 전망 좋은 곳에서의 정찬이다. 이런 호사를 누리다니….

FFP
FREYWILLE
REPUBLICA
CAFE
HUSSEL
GASTHOF
HOTEL
WEISSES KREUZ

2019년 7월 19일

## 인스부르크의 밤

낮에 스와로브스키 월드에 다녀왔다. 왕관, 거울의 방, 황금 의상 등 휘황찬란한 보석을 많이 보아서인지, 밀폐된 공간 때문인지 머리가 아프다. 식사하느라 월드 안의 멋진 식당에 앉았는데 이번에는 시간이 촉박하다. 이번 차를 놓치면 다음 셔틀은 두 시간 후에 떠난다. 감자튀김은 손에 들고 라들러(혼합주)를 급하게 마시고 버스를 탔다. 호텔로 돌아와 오후 내내 잠을 잤다. 6시, 슬슬 걸어서 시내로 들어갔다. 성 야곱 성당에 들러 기도를 드리고 번화가로 가는데 생음악 소리가 들린다. 50인조 관악 오케스트라의 자선공연이다. 이게 웬 횡재냐고 얼른 한 자리씩 차지했다. 현악기가 없이 관악기로만 50인조라니, 대단한 규모이다. 소리가 섬세하고 웅장하며 아름답다. 7월의 바람은 선선하고 하늘은 서서히 어두워지며 분위기를 돋운다. 음악에 취한 사람들의 표정이 마냥 행복한 밤이다. 호텔로 걸어오는데 이번에는 어제부터 하고 있던 뉴올리언즈 페스티벌의 재즈밴드 소리가 요란하다. 홀리듯 다가가 두 시간이나 엉덩이를 실룩거리며 여행지의 일탈을 만끽했다. 노래를 하는 사람과 듣는 사람이 모두 혼연일체가 되어 즐기는 분위기였다. 그들의 얼굴에 번진 행복이 도시 전체로 전파될 것이다.

일렬로 비치된 의자에 앉아 숨소리를 죽이며 클래식 음악을 듣다가, 흥을 주체하지 못하여 연신 팔다리를 흔들고 떼창을 하는 재즈 페스티벌 속의 나! 내 안의 나를 여럿 만나는 인스부르크의 불타는 금요일 밤이다.

2019년 7월 20일

**베로나(Verona) 아레나(Arena)의 오페라 축제**

모자를 벗고 걸치고 간 가디건을 벗고 양말과 신발 마저 벗는다. 더워서 헉헉거리면서도 이 자리에 있는 게 행복하다. 족히 만 명의 입장객들이 입을 벌리고 공연에 취해 있다. 베로나의 2,000년 묵은 아레나 원형경기장에서는 해마다 오페라 페스티벌이 열리고 있다. 오늘 〈일 트로바토레〉와 내일 〈아이다〉를 관람할

수 있게 여행 일자를 조정하였다. 작열하는 태양이 달구어놓은 돌계단은 밤 9시가 지나서도 열기를 내뿜어 내 옆의 할머니는 두툼한 방석에 앉아서도 연신 부채질이다. 공연은 상상을 초월하였다. 여주인공 레노마가 온몸에 독이 퍼져 죽어가는 장면이었다. 바닥에 쓰러져 신음에 가까운 사랑의 노래를 부르는데, 2,000년 된 공연장 베로나 아레나는 그녀의 미세한 떨림까지 공연장 맨 위에 앉은 나에게 생생히 전해주었다. 도대체 이 원형극장이 어떻게 만들어졌길래 그게 가능할까. 옛사람들의 천재성과 위대함은 공연보다 더한 감동이다. 아레나 경기장의 고색창연함과 관중들의 매너와 주옥같은 노래들로 그동안 본 어떤 공연보다 세련되고 격조 있으며 웅장하였다. 수백 명의 출연자는 물론 백마(白馬) 네 마리까지 등장하는 무대의 큰 스케일과 화려함에 그저 행복하다는 생각뿐이다. 베로나는 한밤의 오페라 감상으로 내게 충분히 의미 있는 곳이 되었다.

2019년 7월 21일

**베로나 구경**

아침부터 부산을 떨어 친구의 생일상을 차렸다. 이번 18일 여행 중의 숙소에 유일하게 주방이 있는 곳인데 마침 오늘이 친구의 생일이다. 나의 비상식량을 총동원하였다. 미역국과 쇠고기 구이, 더덕무침과 상추쌈, 그리고 튀김과 과일까지 제법 정성스러운 상이 차려졌다. 어제서야 생일이란 사실을 알고 부랴부랴 준비했는데 친구는 깜짝 놀라며 고마

워했다. 친구가 보내준 사진을 본 친구 딸이 고맙다고 인사하였다.

오늘이 이번 여행 중 가장 더운 날이 아닐까 싶다. 내일 갈 베네치아는 바닷바람이 불 것이고 다음에는 돌로미티로 갈 예정이니 더위는 걱정 안 해도 될 것이다. '오늘 하루만 견디자.' 하면서 베로나 시내 구경에 나섰다. 아티제 강을 가로지르는 다리는 아스팔트 바닥에 붉은 벽돌로 난간을 쌓은 구조였다. 특이해서 끝까지 다 걸었다. 줄리엣의 생가로 알려진 집을 찾아갔다. 세익스피어의 작품 속의 집을 베로나 시(市)에서 줄리엣 생가로 꾸민 것이라 한다. 방문객이 어마어마하니 그로 인한 시의 수입도 만만찮을 것이다. 어찌되었건 줄리엣 동상의 가슴을 만지면 사랑이 이루어진다는 속설에 청동 가슴은 닳아서 황동으로 변해 있었다. 사랑의 맹세를 낙서 벽에다 쓰고 자물쇠로 채우며 사진으로 남기느라 북새통이었다. 그렇다고 사랑이 영원하겠니? 사랑이 이미 다 끝난 우리는 슬그머니 퇴장하

여 에르베 광장을 거쳐 집으로 왔다. 역시나 땀을 흘렸다. 2시경 숙소로 돌아와 푹 쉬다가 8시경 〈아이다〉를 보러 아레나로 갔다. 내 옆에는 남자아이 셋을 데리고 조지아에서 온 부부가 앉아 있었다. 그들 중 열 살과 여덟 살 형제는 공연이 끝난 12시 반까지 자그마치 4시간 반이나 딱딱한 돌계단에 앉아 오페라를 보는 간간이 책을 읽었다. 간식을 먹지 않고 엄마 아빠에게 보채지도 않았다. 어쩌면! 어쩌면! 형제의 모습이 오페라보다 더 감동적이었다. 외국은 자녀를 엄하게 키운다지만 날씬하고 예쁜 엄마는 클러치백 하나만 달랑 들고 오페라에 집중하고 있었다. 저 여자는 분명 아이들의 친엄마가 아닌 것 같았다. 내 정서로는 엄

마가 저렇게 냉정할 수 없다. 죽을 때까지 자식을 위한 희생과 봉사가 당연한 우리의 지나친 유착 관계가 꼭 좋은 것은 아니겠지만 저 엄마는 지나치게 엄격해 보였다. 정나미가 떨어졌다. 저래서 외국은 18살만 되면 독립하고 자립할 수 있나 보다. 오페라를 잘 보고 왔는데 내 바로 옆에 앉았던 둘째 녀석이 자꾸 눈에 밟혔다.

오페라 〈아이다〉는 러브 스토리였다. 남자 주인공 라디메스는 전쟁터에서 끌고 온 포로 중에서 용감한 여인 아이다를 만나 사랑에 빠지게 되는데, 나중에 그녀가 적국의 공주임이 밝혀져 결국 둘 다 감옥에 갇

히고 죽게 된다는 이야기였다. 절절한 연기와 노래가 다 내게 전달될 리는 없고, 내용에 따라 무대장치가 바뀌느라 휴식 시간이 늘어 12시 반에야 끝이 났다. 그래도 아레나에서의 시간이 마냥 행복했다. 돌계단은 미지근하고 밤바람마저 설렁설렁 불어주어, 한증막 같았던 어제와 비하면 이게 꿈인가 싶을 정도로 쾌적한 여름밤이었다. 어디서 이런 잔잔한 기쁨을 느낄 수 있을까. 그야말로 한여름 밤의 꿈이 아니기를 빌며 걸어서 오 분 만에 숙소에 도착했다.

2019년 7월 22일

**베네치아**(Venezia) **리도 섬의 망중한**

베네치아 기차역에 도착하자 숙소 주인인 한 사장님이 마중을 나왔다. 예약 과정에서 느낀 대로 젊은 사람이 경영 마인드가 시원시원해서 좋았다. 숙소는 더 좋다. 그야말로 가성비가 짱이다. 유럽 각국으로 사업을 확장하고 있다는데 돈보다 사람을 중히 여긴다니 크게 성공하리라 믿는다. 한 사장님은 우리를 근처의 카페로 안내하더니 제대로 에스프레소를 즐기는 법을 알려주었다. 진하며 화끈하고 달달하였다. 내가 먹던 커피와 비교한다면 소주와 양주의 차이랄까. 이탈리아를 떠날 때까지 내 카페 메뉴는 무조건 에스프레소였다. 현지 맛에 취하는 것도 여행의 즐거움이다.

리알토 다리 근처에서 점심을 먹고 산마르코 광장을 가로질러 리도(Lido) 섬으로 가는 배를 탔다. 30도 넘는 날씨라 빤히 보이는 거리인데도 택시를 타고 2분 만에 도착했다. 서둘러 아드리아 바다로 뛰어들었다. 해변의 미지근하던 물이 판판한 바닥을 디디고 50여m 들어가자 냉기가 허리를 감쌌다. 어떤 물고기가 얄밉게도 내 종

HONDA

아리를 살짝 깨물고 지나갔다. 돈이랑 여권 때문에 한 명씩 짐을 지켰다. 혼자 노는 물놀이가 심심했지만, 한국에서는 쑥스러워 안 하는 해수욕을 리도 섬까지 와서 즐기는 통쾌함이라니!

민박 숙소에서 한식으로 저녁을 먹었다. 호박볶음, 상추쌈, 돼지불고기, 감자전 그리고 김치, 역시 한국 사람에겐 김치가 최고다. 한 사장님은 미로처럼 복잡한 베네치아의 골목을 헤치고 새 사업장인 숙소까지 우리를 데려다주었다. 정성이 고마웠다. 한국 사람 만세다.

## 2019년 7월 23일

### 부라노(Burano) 섬 친구들

어제 베네치아로 오는 기차에서 만난 젊은 친구들과 부라노 섬에 갔다. 기차 안에서 한국말로 통성명을 하였는데 오늘 부라노 섬에 간다기에 동행을 부탁했던 것이다. 부라노 섬은 어부들이 집에 돌아올 때 안개가 짙게 끼어도 금방 제집을 찾을 수 있도록 빨강, 노랑, 파랑, 보라 등의 선명한 컬러를 사용한 것이 조화를 이루어 세계인의, 특히 한국인의 주목을 받고 있다. 다녀오고 나니 과연 왕복 세 시간이나 걸려 갈 만한 곳이었을까 하는 회의(懷疑)가 들었다.

거름 지고 장에 가듯 남들이 좋다고 하니 다녀왔는데 좀 그랬다. 여행이란 때로 환상을 깨는 일이기도 하다. 가 봐야 좋은지 아닌지도 아는 법, 부라노는 거기에 의미를 둔다. 외국에서 젊은 한국 친구들을 만나면 그저 대견스럽다. 제주 아가씨들인데 야무지고 착해 보였다. 맛있는 점심을 사주었다. 같은 숙소에 묵으면서 어젯밤 술잔을 나눈 친구들도 마냥 믿음직스러웠다. 예의 바르고 도전 정신이 강했다. 모두 건강하게 여행 잘하고 늘 오늘처럼 행복하기를 빈다.

### 베네치아의 석양

종탑에 올랐다. 밤 8시인데 훤하다. 사방 어디를 보아도 너무 멋지다. 이러니 세계인들이 몰려오지. '조상 덕에 이밥'이라는 말은 관광 수입을 톡톡히 올리는 이탈리아를 두고 하는 말인 것 같다. 부럽다. 내일 떠나는 게 아쉬울 만큼 베네치아는 멋지다. 또 올 기회가 있을까. 이번 여행 중 가장 좋은 숙소여서 더 아쉽다.

2019년 7월 24일

**드디어 돌로미티**(Dolomite)**에 오다**

돌로미티는 알프스 산맥의 이탈리아 지역을 말한다. 그곳에는 하얀 석회암(Dolomite)으로 된 3,000m 이상의 산봉우리가 18개나 있다. 자연히 뾰족한 봉우리와 깎아지른 절벽과 깊은 계곡과 평온한 들판이 산재해 있다. 그것도 9개나 연속적으로 있어 세계에서 가장 아름다운 산악 경관으로 손꼽히는 곳이다. 스위스 같은 이탈리아라더니 돌로미티 초입부터 멋지다. 코르티나담페초(Cortina d'Ampezzo)는 1,200m 지대에 있는 산악 도시다. 어떻게 산속 마을이 이렇게 고급스러울 수 있나. 호텔에 짐을 풀자마자 돌로미티 중에

zona
traffico limitato
IL GAZZETTINO
SOUVENIR
HONDA

zona
traffico limitato
eccetto
autorizzati
P
www.cortinaexpress.it

서 가장 멋진 봉우리라는 지아우 산으로 간다. 산 하나가 오롯이 한눈에 들어오는 경우는 극히 드물어 감탄사가 절로 나온다. 넓은 산비탈에 소들이 평화롭게 만발한 예쁜 꽃들을 뜯어먹고 있다. 축사에 갇혀 사료만 먹는 우리 소들에 비하면 행복한 소들이다. 나도 저 들판의 소처럼 행복하다. 누구나 이 세상이라는 자연을 선물로 받고 태어나지만, 나처럼 그 선물을 하나하나 풀어보는 사람은 몇이나 될까. 이 세상 풍경이 아닐 정도로 거대하고 아름다운 돌로미티를 보자 감사함이 가슴 가득 차오른다.

지아우 산을 배경으로 사진을 찍고 온갖 색으로 피어난 야생화에게 다가가 나도 반갑다고 웃어주었는데 갑자기 천둥소리가 요란하다. 검은 구름이 순식간에 몰려오고 지아우 산도 구름에 가려 형체가 일그러진다. 우리가 버스에 오르자 기다렸다는 듯 소나기가 내리기 시작한다. 우박도 내려 차창을 때린다. 그렇게 요란하더니 40분이 지나 코르티나 담페초에 도착하니 어느새 비가 그쳐 있다. 여기가 2,000m를 넘나드는 산군(山群)이라는 것과 앞으로 여정에 대비하라는 신호인 것 같아 배낭에 우산과 우의를 챙겨 담는다. 마트에 들러 내일 간식을 챙긴다. 숙소에서 보이는 야경이 환상적이다. 일단 시원해서 좋다.

2,5 km

2019년 7월 25일

## 트레치메(Tre Cime-세자매봉우리)와 브라이어 호수

오늘은 코르티나담페초의 상징과 같은 두 곳을 다녀오기로 하고 일찍 호텔을 나선다. 버스는 고불고불한 길을 올라 2,320m의 아론조 산장에 우리를 내려준다. 트레치메로 가는 출발점이다. 참 고맙다. 2,000~3,000m의 산군들이 죽 늘어서서 나를 반기는 것 같다. '멀리서 물어물어 오느라 수고했구나.' 우리는 트레치메 봉우리를 향하여 반 시간 남짓 걸어갔다가 원점으로 회귀하기로 한다. 마주 오는 사람들을 보기가 좀 민망하다. 그쯤에서 돌아서는 사람은 거의 없다. 왜냐하면 세자매 봉우리를 보려면 족히 7, 8km를 걸어가야 정면을 볼 수 있기 때문이다. 다 걸을 자신이 없는 우리에게는 트레치메의 뒤통수도 좋다. 게다가 구름이 몰려와 세 자매 봉우리가 제 모습을 완벽하게 보여줄 것 같지 않고, 온갖 야생화가 산길을 예쁘게 수놓고 있어 더 나아가고 싶지 않다. 마음먹기 따라서 핑계는 항상 있기 마련이다. 되돌아오면서 사진을 찍고 산장에서 커피를 마시고 유유자적하였다.

### 브라이어 호수

트레치메의 아론조 산장에서 버스를 타고 브라이어 호수로 향한다. 3000m의 어마어마한 돌산, 그 산에 내린 눈비가 아래로 모여서 만들어진 큰 호수가 브라이어 호수이다. 호수에 비친 산과 호수에 빠진 구름과 뱃놀이로 호수는 너무 아름답다. 2년 전에 갔던 로키의 호수를 보는 것 같다. 호수를 한 바퀴 도는 데 한 시간 남짓 걸린다는데 우리가 누군가. 겨우 호수에 손 한 번 담그고 십 분쯤 걸어 호숫가의 호텔 카페에서 점심을 먹고 커피를 마시며 멍하니 호수를 감상한다. 버스를 타고 도비아코에 가서 또 버스를 갈아타고 숙소로 온다. 오늘 미주리나 호수. 아론조 산장, 도비아코 정거장, 버스정류장, 브라이어 호수, 도비아코 버스정류장, 담베초까지 자그마치 버스를 일곱 번이나 타고 내린다. 9시간 반 만에 호텔로 돌아오니 감회가 새롭고 뿌듯하다.

'이해숙, 수고했어.'

2019년 7월 26일

## 지옥과 천당을 오가다

코르티나담페초 시내에 있는 파로리아 케이블카를 탔다. 5분 올라가 다시 케이블카를 바꿔 타고 거의 정상에 올랐는데 거기서 꼭대기까지 지프차가 셔틀 서비스를 하고 있다. 왕복 9유로에 냉큼 타고 200m 경사를 오르니, 올려다보던 산들이 발아래로 보인다. 돈이 좋다고 감탄했는데 약속한 45분이 지나도 셔틀 지프차가 올라오지 않는다. 결국 손님을 잔뜩 태우고 늦게 온 지프차 때문에 11시 케이블카를 놓치고 말았다. 30분 간격의 다음 케이블카에서 내리자 호텔까지 전속력으로 달린다. 맡겨둔 짐을 찾아 다시 버스 정거장으로 뛴다. 열 계단도 단숨에 오르고 가쁜 숨을 몰아쉬며 버스에 앉으니 출발 10분 전이다. 아무리 역 앞의 호텔이지만 우리가 10분 만에 케이블카 승강장에서 버스 정거장까지 주파했다는 게 믿어지지 않는다. 팔자레고로 가는 버스 안에서 친구는 다친 무릎을 보여준다. 호텔 앞에서 넘어졌단다. 마음은 급하고 몸은 안 따르고, 까지고 피 나던 무릎은 여행이 끝나고 나서야 아물었다. 그놈의 지프차만 제시간에 왔어도. 아니 자라리 안 탔으면 좋았을 걸. 친구는 이 먼 곳에 나 혼자 보낼 수 없다는 우의(友誼)로 따라나선 여행

FUNIVIA LAGAZUOI SEILBAHN
ALT. 2752 HÖHE
LAGAZUOI
CAIRN FESTIVAL

인데 다쳐서 영 면목이 없다. 미안하다. 친구야.

**친퀘테레**(Cinque Terre)

라가주오이 산장 케이블카 타는 곳에 짐을 맡기고 친퀘테레를 보러 간다. 돌로미티의 볼거리라기에 리프트를 타고 오른다. 역시나! 거대한 바윗덩어리 다섯 개가 서로 기대어 서 있는 모습이 장관이었다. 바위산에 올라간 등산객이 까마득히 높이 보였다. 바위 앞에 다가가서 사진을 찍고 산책하다가 커피를 마시며 비경을 즐기는데 연일 그러하듯 오후가 되니 천둥소리가 요란하다. 라가주오이 산장(Lagazuoi Rifugio) 숙박을 위하여 아직 버스 시간은 멀었지만 좀 일찍 내려가서 길에서 기다릴 요량으로 리프트를 타려는데 안내원이 제지하며 리프트가 멈춘다. 아랫동네에 소나기가 내리고 천둥 번개가 심해서란다. 이런 낭패가. 친퀘테레 산장에도 비가 내리기 시작하더니 우박이 쏟아진다. 난감했다. 당황스러

웠다. 못 내려가면 산장 숙박 예약은 어떻게 되나. 오늘 밤 어디서 자야 하나. 산장으로 가는 버스를 놓치면 어쩌나. 아니 내려갈 수나 있나. 이번 여행 중 내 머리 위로 쏟아지는 주먹만 한 별을 보리라 하면서 9개월 전에 예약하였고 이 날짜에 맞추어 일정을 조정할 정도로 가장 설레었던 2,752m 라가주오이 산장 숙박이 이렇게 코앞에서 좌절되다니, 기가 막힌다. 별별 생각이 다 든다. 진즉 서두르자는 친구의 말을 무시한 것을 후회하다가, 천둥소리를 대수롭지 않게 여긴 오만을 나무라다가, 잘못했으니 용서하시고 4시에는 리프트가 움직여서 4시 20분까지 라가주오이 입구에 도착하게 해달라고 간절하게 기도드린다. 또 못 내려갈 경우를 대비하여 친퀘테레 산장에서 오늘 밤 숙박이 가능한지 알아보면서 속수무책으로 한 시간을 보낸다.

4시경 거짓말처럼 리프트가 움직이자 제일 먼저 달려가 자리에 올랐다. 땅에 도착하자마자 마침 들어오는 차에 뛰어가 "Help me. please!"를 외치며 애걸했다. 팔자레고까지 5분 남짓인데 우리는 지금 그곳에 빨리 가야 한다고 엉터리 영어를 횡설수설했다. 내 꼴이 엄청 다급해 보였는지 그는 우리를 라가주오이 케이블카 앞에 데려다주었다. 열흘 일정으로 바캉스 왔다는 불란서 남자는 아내에게 전화를 걸어 이러저러한 상황인데 조금 늦어도 괜찮겠느냐고 물었다. "D'accord" 전화

기 너머로 '알았다'는 부인의 말이 얼마나 반갑던지. 너무나 고마워서 20유로를 건넸는데 그는 완강히 거절하였다. "I will never forget your kindness."라고 말하고 맡겨둔 짐을 찾으러 뛰어갔다. 라가주오이 산장으로 가는 케이블카 대기실에 앉으니 이곳도 한 시간째 운행이 멈추었다고 한다. 그런데 4시 20분이 되자 케이블카가 움직이고 결국 예정대로 산장에 올라 발코니가 있는 우리 숙소에 들어갔다. 우리는 누가 먼저랄 것도 없이 부둥켜안고 기쁨을 나누었다. 눈물이 났다. 지옥과 천당을 오간 것이다. 불과 30분 만에 이 모든 일이 이루어졌다는 게 믿을 수가 없다. 새가 되어 날아왔어도 불가능한 일이 아닌가. 우리가 마치 친퀘테레에서 새처럼 날아온 것 같다. 별은커녕 천둥 번개만 요란하지만 그래도 이 순간 여기 있음이 너무 좋다. 자연을 즐길 줄만 알았지 두려워하지 않은 오만에 대한 경고가 이 정도여서 감사한 깜깜한 밤이다.

하느님께 감사 기도를 드리고 가만히 누워서 고마웠던 불란서 남자를 생각하는데 번개처럼 떠오르는 말이 있다. 내 떠듬거리는 불어를 듣고 그가 불어로 뭐라뭐라 말하는데 나는 당황하여 대답을 못 했다. 다시 물어보다가 말았던 말은 여행 중 어디가 좋더냐고 "Quel pays avez vous - --"라고 했는데 나는 순간 발음이 같은 영어 pay로 착각하고 얼마를 주어야 할지 가늠하다가 20유로를 건넨 것이었다. 그 생각에 미치자 얼마나 창피한지 얼굴이 화끈했다. 순수하게 호의로 물은 말을 돈으로 착각한 것이 생각할수록 미안했다. 얼마를 달라고 해도 줄 상황이었기에 그 단어가 귀에 확 꽂혔던 것 같다. 당황하면 그럴 수 있다고 스스로 위로하면서 그분이 건강하고 행복하게 잘 사시기를 거듭 기원하였다.

2019년 7월 27일

## 행복한 가족

어제 저녁 식당에서 지*이네 가족을 만났다. 라가주오이 산장은 숙박료에 저녁 식사가 포함되어 있어 투숙객은 무조건 산장 식당에서 밥을 먹는다. 첩첩산중인 식당에서 한국 사람을 만나니 무척 반가웠다. 우리는 같이 앉을 수 있도록 테이블 이동을 부탁하고 여섯 명이 맛있게 밥을 먹으며 이야기꽃을 피웠다. 지*이네는 큰딸이 중학생이 되기 전에 부부가 휴가를 내 두 달 동안 유럽 여행을 하는 중이었다. 멋있게 사는 젊은이들이다. 아직 한 달 정도 일정이 남았으며 내일은 오르티세이의 세체다 쪽으로 간다기에 우리를 좀 태워달라고 슬쩍 부탁을 했다. 버스를 3번 갈아타고 산타 크리스티나 숙소로 가야 하는데 도저히 자신이 없었다. 마침 우리 호텔 앞을 지나가는 코스여서 염치불구하고 말을 건넸다. 미안은 잠깐이고 편안은 영원이라고 속으로 '제발!'을 부르짖었다. 고맙게도 그들은 없는 공간을 만들어 자리를 마련해주었다. 엄마 같은 사람들의 청을 거절하기 어려웠을 것이다. 우리도 일정을 바꿔 그들과 같이 하루를 보낸다. 그들은 알페 디 시우시(Alpe di Siusi)와 세체다(Seceda)를 하루에 다 둘러본 뒤 지아우 산 근처에서 자고 내일 베네치아로 떠난단다. 그들과 가족처럼 다니니 편안하고 좋다. 졸졸 따라다니기만 하면 된다. 경치 좋은 곳에서 점심을 배불리 먹여 보냈지만, 운전 때문에 맥주 한잔 못 마신 아이들 아빠에게 밤에 숙소에서 마시라고 술값을 건네주지 못한 게 두고두고 마음에 걸린다. 왜 나이가 들면 매사 한 템포 후에 생각이 나는 걸까. 차라리 생각이 안 나면 아쉬움이 없을 텐데 말이다. 이제 더 나이가 들면 곧 그리 되겠지. 어떤 것이 더 좋은 건지 모르겠지만. 하룻 정(情)도 정(情)인지, 막내딸이 헤어질 때 눈물을 흘렸다. 세상에서 제일 좋은 엄마 아빠랑 여행을 다녀도 겨우 일곱 살이니 때론 심심하고 지루한 터에 할머니 둘이 생겨 제 딴에는 활력이 되었

나 보다. 그저 옆에 타라고 하고, 케이블카 안에서도 같이 앉았다. 손에 손을 잡고 들판을 걷고 사진을 찍으며 정을 나누었다. 우는 아이를 떠나보내는 마음이 애틋하다. 어느 누가 나와 헤어진다고 저리 서럽게 울까. 그 생각을 하니 나도 울컥한다. 자상한 아빠, 똑똑한 엄마, 차분한 언니와 남은 여행도 많이 보고 느끼며 건강하게 귀국하기를 바란다.

2019년 7월 28일

**꿩 대신 닭**

비가 내린다. 여행 중에 아침부터 비가 내리는 건 처음이다. 부슬부슬 하는 하늘은 잿빛이다. 그래도 가르디나 도심 한복판에 있는 케이블카를 타고 산에 오른다. 2,000m 높이의 세상은 생각보다 밝다. 오늘로 예정된 포드로이(Podoi) 산을 올라보기로 했다. 셀라 산장에서 버스를 갈아타고 30분을 더 산길을 오르니 종점은 온통 안개뿐이다. 당연히 케이블카가 보이지 않는다. 운행을 안 한다. 할 수 없이 타고 온 버스를 다시 타고 산에서 내려오다가 중간에서 내렸다. 밥이나 먹자고 식당에 들

어가서 커피까지 마시고 나와도 정오였다. 마침 버스가 오기에 무조건 탔다. 대낮부터 호텔 방에 있을 수는 없지 않은가. 카나제이(Canazei)로 가는 것이었다. 카나제이는 너무 복잡하여 안 가기로 제쳐두었던 곳인데 얼떨결에 오게 되었다. 예쁜 꽃을 장식한 집들이 즐비한 카나제이 시내를 걷다가 캄피텔로 케이블카를 타기 위해 트렌트 지방 버스 101번을 1.10유로 내고 탔다. 2,290m까지 케이블카로 올라가서 2.2km를 트레킹 하여 셀라 고개로 가고 싶었는데, 바람이 장난이 아니고 비도 올 것 같은데다 사람마저 별로 없어 망설여졌다. 할 수 없이 리프트카를 타고 다시 곤돌라로 내려오니 아까 카나제이 가는 버스를 탔던 곳의 전 정거장 루앙비앙코이다. 그래서 금방 호텔 숙소로 돌아올 수 있었다. 포드로이 산은 못 보았지만 꿩 대신 닭치고는 꽤 괜찮은 카나제이 마을과 산이었다. 결국 포기했던 곳까지 섭렵하였으니 이제 돌로미티는 내 안에 다 들어왔다.

짐을 찾아 다시 오르티세이(Ortisei)의 숙소로 이동하는데 버스가 돌아가는 것 같아 내 행선지로 가는 게 맞느냐고 물었더니 버스 손님들이 걱정하지 말고 자기랑 같이 내리잔다. 심지어는 깁스한 다리로 우리를 안내하였다. 남편은 깁스한 아내를 길에 세워두고 도로를 건너서 호텔이 보이는 곳까지 데려다주었다. 게다가 버스 기사 아저씨도 차를 세우고 호텔을 가리키며 다음에 내리라고 알려주지 않았던가. 아니 돌로미티에는 어찌 이리 천사가 많은 거야. 돌로미티 경로를 꼼꼼하게 짜주시며 용기를 주신 블로그왕 A부터 팔자레고 고개로 데려다준 프랑스 아저씨, 산타크리스티나로 같이 와준 지*이네 가족, 베네치아에서 여행 왔다는 집스한 가족, 버스 기사 아저씨 등등. 아름다운 자연에 동화되어 사람들의 마음도 아름다워지나 보다. 호텔 직원들도 천사 같았다. 어제 저녁 호텔 식당에서 식사를 반이나 남겼다. 친구도 소식가이고 나도 양이 많아 다 먹을 수 없었다. 맛있는 음식을 남겨서 미안하다고, 배가 불러서 어쩔 수 없었다고 미안해하며 식당을 나왔다. 그런데 오늘 이동한 다른 호텔에서도 저녁을 권하기에 어제 이야기를 하면서 둘이 나눠 먹어도 되냐고 했더니 "Ok" 하더니 코스마다 두 쟁반에 적당히 나누어 담아주고 정성스럽게 서빙을 해준다. 그릇을 싹싹 비우는 걸로 감사의 마음을 전한다. 이제 마지막 숙소에서의 3박이라 마음이 편하다. 푹 자야지.

STOP

ASSE CASSA DI
MIO

2019년 7월 29일

### A와 조우 그리고 트레킹

돌로미티를 알고 여행을 계획할 때 많은 블로그 중에서 눈에 띈 내용이 A의 코스였다. 메일을 드리고 많은 조언을 구했는데 떠나오기 직전에 일정은 물론 시 분 단위의 버스 시간표까지 체크하여 기가 막히게 완벽한 도표를 만들어주셨다. 그 고마운 분의 돌로미티 여행 일정이 나하고 겹쳐 오늘 오르티세이 버스정류장에서 만나기로 했다. 서서히 볼차노에서 오는 버스가 들어오고 나는 단번에 그분을 알아보았다. 얼굴에 '나 자상'이라고 쓰여 있었다. 게다가 동양인이 그분 내외뿐이다. 이곳에서 산타막달레나 방향으로 이동한다기에 같이 세체다로 케이블카를 타고 갔다. 인스부르크의 스와로스키 월드에서 산 예쁜 브로치를 사모님께 선물했다. 점심을 같이 먹고 싶었으나 그분들은 갈 길이 멀었다. 오히려 산장에서 커피를 대접받고 배웅할 겸 트레킹 코스로 따라나섰는데 갈림길에서 헤어지고 보니 돌아가기에는 케이블카 승강장과 너무 멀어져버렸다. 기왕에 예까지 온 거 산타크리스티나로 이어지는 콜 라이더 케이블카를 타러 가자고 친구를 설득했다. 친구는 다리가 아픈데도 별 방법이 없으니 조심조심

따라 내려왔다. 나도 트레킹 준비가 되지 않아 간밤에 내린 비로 젖은 콘크리트 구조물을 밟다 두어 번 미끄덩거렸다. 에라 모르겠다. 운동화를 벗어들고 양말 차림으로 땅을 밟았다. 지나가다 힐끔거리고 웃는 젊은이도 있었지만, 초록 들판과 온갖 야생화가 만발한 세체다 아랫동네

를 걸어서 내려가는 기분은 발이 땅에 닿는지 모를 정도로 우쭐하였다. 짝사랑하던 여인에게 마음을 전하고 손 한번 잡은 설렘이 이럴까. 케이블카로 이동하면서 쳐다만 보다가 비록 두 시간이지만 속살을 헤집으니 돌로미티가 훨씬 더 친근하게 느껴졌다. 내리막길이라 힘들지도 않았다. 나에게는 돌로미티의 하이라이트라 할 정도로 행복한 시간이었다. 계획에 없던 트레킹 역시 A 덕분이라 이래저래 고마웠다.

### 셀라 파소(Sella Passo)의 하얀 곤돌라

어제 셀라파소를 지나며 서서 가는 하얀 케이블카를 보았으나 시간이 여의치 않아 지나쳤기 때문에 오늘 다시 셀라파소로 간다. 움직이는 상태로 타는 케이블카는 살짝 위험스러워 더 스릴이 있다. 3,000m의 산에 오른다. 하얀 기립 리프트는 20분 동안 서서히 위로 이동한다. 어쩌다 작동이 멈추면 공중에 매달린 채로 흔들거려 간담이 서늘하다. 괜히 탔나 싶을 정도로 무섭다. 그런데 승강장에 다다르니 또 다른 세상이다. 우람한 산세가 체르마트를 닮은 돌산이 턱 버티고 서 있고 건너편에는 포르도이 산, 푸타 산 등이 나란히 햇살을 받고 있다. 산의 형상도 볼거리지만 3,000m의 완벽한 돌산을 등반하는 사람들을 위한 안내판이 눈길을 끈다. 자일을 어디에 걸어야 하는지, 어느 코스가 등반하기 좋은지, 코스와 안내도가 상세하게 설명하고 있었다. 무엇이든지 하게 하고 대신에 위험하지 않고 훼손시키지 않는 방법을 제시하는 정책이 부럽다. '위험하니 무조건 하지 마라'는 경고가 아니고 '이렇게 저렇게 등반을 멋지게 하라'는 안내이다. 하지 마라 하면 더 하고 싶고 몰래 하

24
25
17

CLIMBING ARENA
Cinque Dita - Fünffingerspitze
2.996m
FORCELLA SASSOLUNGO
Langkofelscharte

니 위험하여 일 년에 수십 명씩 산악사고를 당하는 것이 우리나라의 현실이다. 돌로미티는 등반뿐 아니라 트레킹 코스도 수없이 많았다. 험한 길, 쉬운 길, 짧은 길, 긴 길, 지름길 등등. 갈림길마다 코스를 가리키는 방향과 목적지와 소요 시간을 적은 이정표가 열 개 정도씩 나란히 붙어 있었다. 노선버스가 산촌 구석구석까지 다니며, 케이블카는 거미줄처럼 돌로미티 전체에 얽혀 있다. 게다가 케이블카로 2,000~3,000m 산 위에 냉큼 데려다 둔다. 그래서인지 젊은 사람뿐 아니라 나이 많으신 노인들도 많이 보인다. 부모와 같이 온 아이들에게도 레저를 즐기기 좋은 환경이 준비되어 있다. 산장마다 소소한 놀이터가 있고 곳곳에서 자전거를 빌려줌은 물론 자전거 점프대도 있다. 케이블카가 닿는 곳마다 먹고 쉴 수 있는 산장이 반드시 있고 그곳의 커피 값이나 음식값이 싸고 맛이 있어서 그것도 부담이 없어 좋았다. 아무튼 돌로미티를 행복하게 느낄 수 있는 모든 시설과 아름다운 자연과 사람에 대한 배려가 돋보이는 마음들로 돌로미티는 남녀노소를 모두 품어 안고 어루만져주는 세계문화유산임을 8일간 둘러보며 새삼 절감하였다.

돌로미티 만세! 또 만세!

2019년 7월 30일

### 돌로미티 마지막 날

오늘은 코르바라(Corvara)로 방향을 잡는다. 돌로미티의 양 거점 도시(담베초와 오르티세이)를 중심으로 구경하니 가운데 위치한 코르바라는 건너뛰게 되었다. 마침 오늘은 돌로미티 마지막 날로 한가하다. 콜알트 케이블을 올라 산장에 들어선다. 점심은 아래층 식당에서 하는데 12시 오픈이란다. 첫 손님이라 비싼 고기 요리를 시켰다. 유명한 맛집으로 뉴욕타임지에 소개된 곳이라더니, 일단 사방 3,000m 산들이 병풍을 치고 있는 통유리 전경에 취해 무엇을 먹든지 맛있을 것이다. 식전 빵부터 맛이 달랐다. 바삭하고 촉촉하며 구수하다. 스틱 과자는 파삭 부서지며 고소하다. 스파게티는 재첩 같은 작은 조개가 가득하여 맛있으나 소고기는 핏기가 많다. 한국 미디엄하고 이탈리아 미디엄은 조금 차이가 나는 것 같다. 생고기 맛은 맥주로 씻어준다. 아무튼 맛있게 먹고 커피는 다음 산장에서 마시기로 한다.

오르티세이의 작은 성당에서 일정을 무사히 끝내게 도와주신 분들에게 감사 기도를 올린다. 그리고 근처 가게에 들러 기념 머그잔을 하나 사면서 돌로미티 전 일정을 마친다. 이 멋진 전경을 고마운 사람들에

대한 기억과 함께 오래 간직하고 싶다.

여행이란 자연을 만나러 떠나는 길이지만 그 길에서 나는 자연보다 더 아름다운 사람을 여럿 만났다. 그들로부터 크고 작은 친절과 도움을 받고 자신감과 용기가 생겼다. 색다른 경험도 많았다. 그러다 보니 마음이 정화되고 평화로워졌다. 삶이 힘들어지면 또 길을 떠날 것이다. 나를 품어주는 대자연과 그 길에서 만나는 수많은 인연들에게 감사함을 배우고, 한결 착해진 마음으로 돌아올 것이다.

2019년 7월 31일

**밀라노**(Milano) **두오모**

밀라노 중앙역에 도착하자, 촌놈이 서울 구경 처

음 하는 것처럼 눈이 휘둥그레진다. 열차 레인이 열 몇 개나 되고 지하철까지 연결되어 사람이 얼마나 많은지 모른다. 게다가 통로는 또 얼마나 복잡한지 산(山)만 많던 돌로미티에서 내려온 나에게는 천국에서 지옥으로 내려온 것처럼 느껴진다. 그 복잡한 곳에다 여행 가방을 맡기고 지하철을 타고 두오모 성당으로 갔다. 하얀 보석이 자잘하게 박힌 열두 폭 치마를 펼치듯 서 있는 밀라노 두오모 성당, 섬세함과 화려함은 내가 가본 수많은 성당 중에서 단연 탑인 것 같다. 엘리베이터를 이용하는 성당 입장권을 한국에서 예매하였는데 그 표를 받을 매표소가 안 보였다. 그러느라 성당 주위를 한 바퀴 도는데 뛰어다녀도 이십 분이나 걸렸다. 옆면과 뒷면이 다 화려하게 하얀 대리석으로 조각되어 있어, 친구가 줄 서서 기다리는 곳을 찾느라 또 우왕좌왕할 수밖에 없었다. 어마어마한 규모였다. 두오모 성당 꼭대기까지 엘리베이터를 타고 올라갔다. 성당은 1386년에 공사를 시작하여 600년 동안 온갖 우여곡절을 겪은 끝에 1951년에 완공되었다고 한다. 성당 하나 짓는 데 600년? 말이 돼? 그런데 말이 되었다. 그럴 만했다. 성당 옥상에서 바라본 성당은 600년이 걸릴 만했다. 거기에는 직사각형의 넓은 옥상이 있었는데 2,000분의 성인(聖人)이 한 분 한 분 높다란 대리석 기둥 위에 서 계셨다. 성인들 사이를 미로처럼 헤치고 나가면 135개의 작은 첨탑이 서

있으며 그 사이를 온갖 문양으로 빚은 기둥들이 받치고 있었다. 어떻게 허공에다 저 탑들을 세웠을까. 어떻게 돌에다 저리 섬세하고 오밀조밀하게 조각을 하였을까. 600년 아니라 1,000년이 걸려도 못 할 일인 것 같았다. 그리고 성당 지붕을 덮느라 기와를 쌓듯 대리석 판을 겹쳐 쌓은 것도 보였다. 성당은 저 무거운 대리석들을 지붕에 이고 어떻게 버티고 있을까. 성당 옥상에 이렇게 많은 사람이 들락거려도 괜찮은 걸까. 이렇게 볼거리가 많고 감탄스러운데 옥상에 올라오지 않았다면 어땠을까. 성당의 건축 기술과 어마어마한 공사를 가능케 한 종교의 힘은 과연 무엇일까. 찬탄과 의구심은 끝이 없었다. 한 시간이나 성당 옥상을 거닐었다. 종일이라도 머물고 싶었지만 비행기 출발 시간이 다가왔다. 성당 꼭대기의 황금 성모상을 향하여 두 손을 모았다. 성당을 짓느라 수고한 모든 사람에게, 그리고 그 후손에게도 하나님의 축복이 내리시기를 간곡히 기도했다.

M

CATTEDRALE

두 딸이 결혼하고 어미로서의 책무를 다하고 보니 환갑이었다.
여자 나이 60.
돈과 명예와 성공, 아무것도 내세울 게 없다.
한평생 애면글면 열심히 살았으나 빈손 같은 허무함이라니….
그게 내 몫이겠지.
더 이상 욕심부리지 않기로 했다.
그러니 세상에 두려울 게 없었다.

그리고 모든 것으로부터 자유롭고 싶었다.
밤낮없이 자고 싶을 때 자고
배고프면 아무 때나 먹고
가고 싶은 곳은 언제든 떠나고.

양심과 여건이 허락하는 만큼 여행을 떠났다.
십 년 동안 40개국을 돌아다녔다.
이번 책을 엮으며 새삼 느꼈다.
'이렇게 행복했었구나.'
'이렇게 멋있게 원없이 다녔구나.'
이번 책에 실리지 않은 날들이 저들도 세상 빛을 보고 싶다고 아우성이다.
아마 조만간 그들도 불러내야 하리라.
그러면 더 이상 행복을 좇아가지 않아도
내가 바로 그 행복이 될 것 같다.